IRRTUM NR. 1

Hauptziel einer Verhandlung ist eine Win-win-Vereinbarung

Gleich zu Beginn möchte ich entgegen der Annahme von Sozialromantikern aufzeigen, warum es in schwierigen Verhandlungen keine Win-win-Situationen geben kann.

Win-win gehört neben »strategischer Partnerschaft« zu den meistmissbrauchten Formulierungen in heiklen Verhandlungen.

Obwohl die Herbeiführung einer solchen Situation aufgrund unterschiedlicher Interessen schlicht und ergreifend nicht möglich ist, wird sie als goldener Schrein vor Verhandlungen hergetragen.

Was ist Win-win und warum ist es so beliebt?

So sagen die meisten meiner Kunden, für sie sei es das mit Abstand Wichtigste, eine Vereinbarung zu erzielen, bei der beide Seiten gewinnen, damit die Partnerschaft sich langfristig gestaltet und »wir uns auch beim nächsten Treffen noch in die Augen schauen können«.

Grafisch sieht diese Annahme so aus:

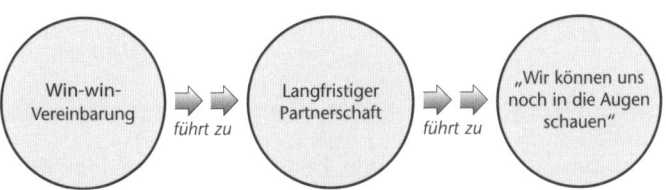

Doch was ist eine Win-win-Vereinbarung eigentlich?

Ihre Grundlagen wurden in den Jahren 1970–1980 an der Harvard Universität erforscht. Wissenschaftler testeten Verhandlungsmethoden und suchten nach einer Variante, die beide Seiten glücklich macht. Sie entwickelten die Methode des »sachgerechten Verhandelns«: »Win-win«, auch als »Harvard-Konzept« bekannt geworden. Doch dabei setzten sie voraus, dass keine fundamentalen Interessensgegensätze zwischen den verhandelnden Parteien bestehen. Nur so kann eine Situation entstehen, in der alle beteiligten Akteure als Sieger aus der Verhandlung hervorgehen.

Wenn jedoch beide Verhandlungspartner ähnliche Interessen haben, dann – erlauben Sie mir bitte die Bemerkung – ist Verhandeln auch nicht schwer!

In schwierigen Verhandlungen sind divergierende Interessen die absolute Regel. Das Win-win-Konzept greift hier höchstens indirekt, indem Sie sich selbst eine Win-Win-Situation erschaffen:

Stellen Sie sich bitte vor, ich verhandele mit Ihnen darüber, wo wir uns zu einem Consulting-Einsatz treffen sollten. Für mich wären Zürich und München gut geeignet. Sie träfen sich lieber in Freiburg, können sich aber auch München vorstellen. Ich würde die Verhandlung so strukturieren, dass München als Zugeständnis an Sie im Rennen bleibt und bringe zudem Zürich ins Spiel, so dass mir am Ende der Verhandlung zwei gleichberechtigte Orte als Option zur Verfügung stehen. Ich biete Ihnen also großzügig zwei Optionen, die für mich beide gleich hervorragend geeignet sind. Egal, ob wir uns in Zürich oder München treffen, beides bedeutet für mich eine Win-Situation. Ich gestalte unsere Verabredung also zu einer Win-win-Verhandlung, einer »Zürich-München«-Verhandlung mit zwei für mich gleichwertigen Optionen.

Spannend werden Verhandlungen dann, wenn es unterschiedliche Interessen gibt, sich beide Seiten dessen bewusst sind und die Verhandlung zu einer Machtfrage wird. Die Macht in der Verhandlung ist dann auf Ihrer Seite, wenn Sie wissen, wie Sie Konflikte strategisch und konsequent lösen können. Und nicht, wenn Sie an eine Win-win-Vereinbarung glauben und damit hoffen, dass die Gegenseite schon vernünftig werden wird. Wird sie nicht!

Ein Konflikt beruht immer auf unterschiedlichen Interessen und der Annahme, dass die eigenen Interessen die richtigen Interessen sind. Was dazu führt, dass die gegnerische Partei falsche Interessen hat.

Sicherlich hört sich das banal an, ist aber die Grundlage aller Probleme bei schwierigen Verhandlungen. Das Bewerten der eigenen Interessen als »richtig« und die daraus folgende Bewertung der gegnerischen Interessen als »falsch« schafft einen Konflikt, der kaum lösbar ist.

Lösen Sie sich von der Bewertung »richtig« oder »falsch«

In einer Verhandlung sollten Sie handeln können. Wer nicht handeln kann, kann nicht ver-handeln und kein Ergebnis erreichen. Um jederzeit handeln zu können, sollten Sie sich von den Bewertungen »richtig« und »falsch« lösen können.

Erlauben Sie mir bitte einen kurzen Rückblick auf die Lehre von Sokrates. Er unterschied zwischen Wahrheit und Gewissheit.

Sokrates wies seine Athener Bürger darauf hin, dass sie sich zwar vieler Dinge gewiss seien, dass sie aber in der Tat so gut wie nichts über die Wahrheit der Dinge wüssten. Sie seien nicht in der Lage, die Dinge so zu erkennen, wie sie tatsächlich sind. Heute unterscheiden wir in Anlehnung an die sokratische Einsicht zwei Reihen von Begriffen: semantische Eigenschaften und psychologische Zustände.

SEMANTISCHE EIGENSCHAFTEN	PSYCHOLOGISCHE ZUSTÄNDE
wie	wie
WAHRHEIT WISSEN REALITÄT	GEWISSHEIT MEINUNG WIRKLICHKEIT

In einer »Win-win«-Verhandlung können Sie aus meiner Sicht keine Lösung im Sinne einer semantischen Eigenschaft finden. Es geht nicht, dass beide Parteien tatsächlich gewinnen (Wahrheit, Wissen, Realität). Möglich ist es jedoch, dass beide glauben, gewinnen zu können oder auch gewonnen zu haben (Gewissheit, Meinung, Wirklichkeit).

Beispiel

Nehmen wir an, Sie möchten Ihr Auto verkaufen. Sie überlegen sich einen maximalen Preis, den sie erzielen möchten, und einen minimalen, mit dem sie leben können. Das Maximumziel inserieren Sie in der Zeitung oder im Internet. Nehmen wir an, Sie kommunizieren den Preis von 10 000 € für Ihr Auto.

Nicht kommuniziert wird natürlich Ihr Minimumziel, also jener Preis, bei dem Sie mit Bauchschmerzen und Zähneknirschen gerade noch zustimmen würden. Sagen wir mal, das wären 9000 €.

Es ist Samstagvormittag, und das Telefon klingelt. Ein interessierter Käufer ruft an, Sie treffen ihn, er schaut sich das Auto in Ruhe an, fährt es Probe und beschließt, das Auto zu kaufen.

Sie sagen, Sie möchten 10 000 Euro für dieses Auto haben, und der Käufer stimmt **sofort** zu. Er unterschreibt den Kaufvertrag und händigt Ihnen die Summe aus.

Mal ehrlich, wie geht es Ihnen jetzt? Sind Sie glücklich, weil Sie Ihr Maximumziel erreicht haben? Nein, Sie sind unglücklich, weil Sie das Gefühl haben, es wäre noch mehr möglich gewesen.

Das ging zu glatt über die Bühne. Sie wissen nicht, wie viel mehr der Käufer eventuell bereit gewesen wäre zu bezahlen. Diese **Ungewissheit** stört Sie, Sie ärgern sich über Ihren zu niedrigen Preis und Ihr schnelles Zustimmen.

Wo liegt für Sie nun die **Wahrheit**? Ob Sie ein wahrhaft gutes Geschäft abgeschlossen haben, können Sie sich jedenfalls nicht mit Sicherheit beantworten. Und ungewiss, ob Sie noch einen höheren Preis hätten erzielen können, sind Sie zudem.

Wie geht es dem Käufer, der mit dem neuen Auto nach Hause fährt? Er ist zunächst wahrscheinlich glücklich und zufrieden. Schwierig wird es für ihn erst, wenn er in sein soziales Umfeld zurückkommt. Wenn er gefragt wird, wie viel er für dieses Auto bezahlt hat. Wenn er vielleicht ausgelacht wird, wie er so viel Geld für solch einen Wagen bezahlen konnte. Auch der Käufer kann also nicht in den Besitz der Wahrheit über den gerade getätigten Deal gelangen. Ihm bleibt bestenfalls die Gewissheit darüber. Und die ist fragil.

Jede Verhandlung ist von mannigfachen Unwägbarkeiten bestimmt. Wir können viele Elemente nicht beherrschen, nicht analysieren, nicht im letzten Detail vorbereiten. Vor allem in schwierigen Situationen sind wir von Emotionen getrieben und verlieren zunehmend die rationale Kontrolle.

Die **Wahrheit** können wir somit in einer Verhandlung ohnehin niemals finden.

Daher sollten wir auch konsequent aufhören, sie zu suchen. Die Aufmerksamkeit muss vielmehr der **Gewissheit** gelten. Und zwar der des Verhandlungspartners. Es ist von größter Wichtigkeit, in Erfahrung zu bringen: Wieso hat unser Verhandlungspartner die Gewissheit, dass er zu seinem Standpunkt berechtigt ist?

Es gilt also, seine Gewissheit zu hinterfragen und seine Meinung und seinen Blick auf die Wirklichkeit zu analysieren.

Verhandlungstipp: Suchen Sie nicht die Wahrheit, sondern finden Sie heraus, welche Gewissheit Ihr Gegenüber hat und weshalb.

Beispiel

Eine Gewerkschaft fordert in einer Tarifverhandlung eine Lohnerhöhung von 5 %
für alle Angestellten. Die Arbeitgeberseite verweist auf die schlechte konjunkturelle
Lage und warnt vor einer Erhöhung der Bezüge in diesen Zeiten. Diese könne zum
Ruin des Unternehmens führen. Sie bietet deshalb eine Null-Runde an.

Aus meiner Erfahrung kann ich Ihnen versichern, dass jede Partei glaubt, im Recht zu sein. Dieses Recht wird dann als Wahrheit
kommuniziert.

Wer sich im Recht wähnt, beharrt auf seinem Standpunkt und
kommuniziert diesen sehr deutlich nach außen. Beide Parteien –
in unserem Beispiel Gewerkschaft und Arbeitgeber – kommunizieren in der Presse und vor den Mitarbeitern die eigene Sicht der
Dinge und belegen sie mit Argumenten. Argumente liegen jedoch
im Bereich der Gewissheit, nicht in dem der Wahrheit.

In schwierigen Verhandlungen werden immer nur Standpunkte dargestellt und gegebenenfalls mit drohenden Sanktionen verknüpft:
»Wenn wir keine Lohnerhöhung über 5 % erhalten, dann streiken wir!«, kommuniziert die Gewerkschaft. »Bei einer Lohnerhöhung müssen wir die Produktion ins Ausland verlagern!«, schallt
es aus dem Arbeitgeberlager.

Wie könnte hier eine sogenannte Win-win-Vereinbarung getroffen
werden? Bitte kommen Sie mir jetzt nicht mit einem Kompromiss!

Bei einem Kompromiss bewegen sich beide Parteien aufeinander
zu und treffen sich in der Mitte. Die Frage ist nur: in welcher
Mitte? Bei einer Ausgangslage von 0-5 % Lohnerhöhung läge der
Kompromiss mathematisch gesehen bei 2,5 %. Beide Seiten hät-

ten gewonnen, jede hätte nachgegeben, aber ihr Ziel immerhin auf gerechtem, halbem Wege erreicht. Von wegen.

Wie sieht es in Wahrheit um die Löhne aus? Kann die Arbeitgeberseite wirklich nur 0 % geben oder wären 3 % auch möglich? Würde die Gewerkschaft wirklich streiken, verfügt sie über genügend Zustimmung in den eigenen Reihen, vor allem in solch schwierigen Zeiten?

Waren die 5 % eine echte, begründete Forderung oder nur ein taktisches Mittel, um die Arbeitgeberseite unter Druck zu setzen? Was wäre passiert, wenn die Gewerkschaft 10 % gefordert hätte? Hätte die Win-win-Vereinbarung dann bei 5 % gelegen?

Eine Differenz der Lohnkosten von 2,5 % macht in den Bilanzen eines Unternehmens einen gewaltigen Geldbetrag aus. Hätte das Unternehmen bei 2,5 % gewonnen, bei 3 % oder 5 %? Was hätte ein langfristiger Streik gekostet, wären vielleicht sogar 6 % noch günstiger als ein Streik gewesen?

Ich darf Ihnen sagen, dass noch keiner unserer Kunden alle Eventualitäten durchspielen konnte. Keiner konnte für sich herausfinden, wo das Gewinnen und Verlieren im Sinne der Wahrheit beginnt. Aber alle konnten eine bestimmte Grenze benennen, bei der sie zustimmen oder abbrechen würden. Diese Grenze ist nun immer eine Grenze im Sinne der Gewissheit, nicht der Wahrheit.

Wir können nur glauben, dass an einem bestimmten Punkt die Grenze liegen muss, wissen können wir es nicht. Müssen wir auch nicht.

Es kann nicht das Ziel der Verhandlung sein, eine tatsächliche Grenze ausfindig zu machen. Es geht um das Herausfinden von Grenzen im Sinne der Gewissheit.

Verhandlungstipp: Finden Sie die Grenzen der Gewissheit heraus, wie weit würde die Gegenseite gehen?

Sich bei Verhandlungen auf die Gewissheiten zu konzentrieren hat einen unschätzbaren Vorteil: Anders als die Wahrheit kann man sie beeinflussen: durch das bewusste Erhöhen der Stressdosis oder durch das bewusste Einsetzen von Emotionen.

Die Analyse des Gegenübers

Um die Gewissheits-Grenzen des Verhandlungspartners ausmachen und beeinflussen zu können, müssen Sie Ihr Gegenüber gründlich analysieren.

Die Analyse von Verhandlungspartnern ist faszinierend. Durch sie gewinnen Sie ständig neue Informationen, neue Sichtweisen, neue Gewissheiten. Aus meiner Erfahrung ist die Analyse nicht sonderlich schwierig, es gilt nur einen sehr großen Fehler zu vermeiden: zu denken, Sie wissen bereits genug!

Viele Verhandlungsführer brechen die Analyse viel zu früh ab, weil sie glauben, genug zu wissen, das Gegenüber bereits vollkommen verstanden zu haben. Diese Annahme ist ein dramatischer Fehler, weil Sie von nun an keine Informationen mehr aufnehmen, sondern nur noch abwarten, bis Ihr Gegenüber endlich zu reden aufhört.

Verhandlungstipp: Analysieren Sie immer weiter, Sie wissen nie genug.

Ganz konkret: Gehen Sie in jede Verhandlung mit einem leeren Blatt Papier, ohne Laptop, Powerpoint, Imagebroschüren …
   Schreiben Sie Informationen mit, vor allem viele Zitate.
   Und beginnen Sie erst dann, ein erstes Fazit Ihrer Analyse zu ziehen, wenn Sie eine DIN-A4-Seite mit Informationen über die Gegenseite vollgeschrieben haben.

Ich darf Ihnen sagen, das ist viel schwieriger, als Sie jetzt glauben!

Die relevanten Informationen über den Gegner liegen dabei nicht im Bereich der Zahlen, Daten und Fakten. Denn Sie sind ja nicht an der kommunizierten »Wahrheit« des Gegenübers interessiert, sondern an seiner Gewissheit und damit an seinen Überlegungen, Argumenten, Wünschen und Zweifeln.

Auf den ersten Blick erscheint eine Verhandlung wie in der Grafik dargestellt. Die Positionen scheinen unüberbrückbar, und es gibt keinen Ausweg.

Es ist nun aber so, dass Ihr Gegenüber nicht ausschließlich Aspekte bedenkt, die Ihrem eigenen Verhandlungsziel zuwiderlaufen. In einigen Punkten kommt er Ihnen innerlich entgegen. Er hat also ein gewisses Verständnis für Ihre Position, Ihre Argumente, Wünsche und Zweifel:

Das Ziel Ihrer Analyse sollte sein, die positiven und negativen **Gewissheiten** Ihres Gegenübers herauszufinden.

Die positiven Annahmen sind die entscheidenden Elemente auf dem Weg zu einer Einigung. Die negativen müssen Sie kennen, ohne sie jedoch zu verhandeln. Das ist nicht einfach, jedoch zwingend notwendig.

Wer fragt, gewinnt

Analysetipp Nr. 1 – Fragen Sie mit einer vorbereiteten Struktur!

Sie möchten mit dieser Analyse ein bestimmtes Ziel erreichen. Neben den für Ihr Verhandlungsziel positiven und negativen Gewissheiten möchten Sie herausfinden, was genau für Ihr Gegenüber wichtig ist, was ihn antreibt und natürlich wie weit er gehen wird.

Erstellen Sie bitte vor der Verhandlung einen Fragenkatalog, in dem Sie Ihre Erkenntnisziele in eine Reihenfolge bringen. Die Fragen sollten nicht wörtlich vorformuliert sein, sondern nur als Stichpunkte dienen.

Die stichpunktartigen Fragen bilden die Grundlage für eine Agenda, eine Art Struktur der anstehenden Verhandlung, die Sie Ihrem Gegner vor der Verhandlung zusenden oder zu ihrem Beginn vorstellen. Teilen Sie ihm Ihre Agenda mit und fragen Sie bitte sofort nach, ob sie für Ihr Gegenüber so akzeptabel ist.

Wenn ja, dann sind Sie der Chef im Ring und ab jetzt Verhandlungsführer.

Eine unstrittige Agenda, durch die sich der Verhandlungspartner nicht zu sehr herausgefordert sieht, löst natürlich weniger Widerstand aus und führt dazu, dass ihr schneller zugestimmt wird. Deshalb bitte immer eine unstrittige Agenda vorstellen.

Im Umkehrschluss bedeutet das natürlich, dass Sie niemals

selbst irgendeine Form von Agenda akzeptieren dürfen. Sie würden Ihrem Gegenüber signalisieren, dass Sie an der Verhandlungsführung kein Interesse haben und sich gerne führen lassen. Dies wäre ein verhängnisvoller Fehler!

Beispiel

Ein Einstieg in die Verhandlung könnte so aussehen:

Vielen Dank für die Teilnahme an der heutigen Verhandlung. Wir freuen uns sehr, gemeinsam mit Ihnen die nächsten Schritte besprechen zu können.
Aus unserer Sicht wären drei Punkte wichtig:
1. Wir würden gerne verstehen, was genau Ihnen an der bereits kommunizierten Forderung so wichtig ist.
2. Dann würden wir unsere Sichtweise gerne darstellen.
3. Im Anschluss sollten wir gemeinsam einen Maßnahmenplan erarbeiten.
Wir hatten uns 60 Minuten für diese Verhandlung vorgenommen, wir sollten uns für jeden Punkt 20 Minuten Zeit nehmen.
Ist diese Vorgehensweise für Sie so in Ordnung?

Diese Agenda ist unstrittig, weil relativ schwammig, und wird erfahrungsgemäß so angenommen. Ab jetzt sind Sie der Verhandlungsführer und können immer wieder auf die von beiden Seiten angenommene Agenda verweisen.

Doch Vorsicht, nehmen Sie auch solche unstrittigen Agenden niemals selber an!

Analysetipp Nr. 2 – Fragen Sie einfach!

Auch auf die Gefahr hin, dass Sie meine Tipps als banal erachten, möchte ich Sie dazu auffordern: Wenn Sie etwas wissen möchten, fragen Sie einfach!
Ich halte dieses ganze Getue um Fragetechniken für übertrie-

ben. Ob geschlossene, offene, alternative Frage, wichtig ist nur, dass Sie ein ernsthaftes Interesse am Gegenüber zeigen und wirklich etwas erfahren wollen.

Für viel wichtiger als die Art der Frage halte ich die Hinführung zur Frage. Sie sollten nicht nur eine Frage stellen, sondern Ihrem Gegenüber auch zu erkennen geben, warum Sie eine Frage stellen werden bzw. stellen müssen.

Stellen Sie deshalb bitte keine Frage wie: »Was muss ich tun, damit Sie zustimmen können?«

In ihr sind zwei große Fehler enthalten:

1. Ihr Gegenüber weiß nicht, warum Sie diese Frage stellen. Welche Gedankengänge treiben Sie zu dieser Frage? Eine bessere Variante der Hinführung wäre beispielsweise: »In Vorbereitung zu dieser Verhandlung habe ich einen Bericht über Ihr Unternehmen gelesen, darin wurden die dramatischen Änderungen in den Rohstoffpreisen genannt. Es wäre für mich sehr wichtig zu wissen, welchen Einfluss die Rohstoffpreiserhöhung auf unsere Verhandlung hat.«
2. Ihr Gegenüber hat einen zu großen Spielraum für seine Antwort und kann etwas antworten, was Sie definitiv nicht gebrauchen können.

Wenn ich beispielsweise meine Kinder frage, was sie essen möchten, dann bekomme ich zur Antwort: Pommes, an zweiter Stelle rangieren Süßigkeiten. Ich stehe nun vor der Herausforderung, meine Kinder wieder von Pommes und Süßigkeiten wegzuverhandeln. Besser wäre es, einen Korridor für die Antwort vorzugeben.

Wenn Sie beispielsweise eine Preisdiskussion vermeiden möchten, dann dürfen Sie nicht fragen, wie sich Ihr Kunde die weitere Zusammenarbeit vorstellt. Sie bekommen zur Antwort: eine Preisreduzierung um 5 %!

Mit dieser Antwort können Sie im Verhandlungsprozess definitiv nichts anfangen. Nun müssen Sie Ihr Gegenüber wieder mühsam von dieser Preisdiskussion weglotsen.

Ein zusätzliches Problem stellt ein einmal genanntes konkretes Ziel in der Verhandlung dar. Die genannten 5 % sind wie ein unumstößlicher Pflock in Ihrem Verhandlungsspielraum und kaum mehr zu entfernen.

> Verhandlungstipp: Vermeiden Sie deshalb bitte eine zu offene Fragestellung. Einer guten Begründung sollte eine Frage mit einem vorgegebenen Korridor folgen.

Vielleicht haben Sie in Ihrem Leben schon die Erfahrung gemacht, dass eine schnelle Auffassungsgabe und schnelles Kombinieren manches Mal auch von Nachteil sein können, weil sich andere von Ihren Fähigkeiten brüskiert fühlten.

In einer Verhandlung ist es immer ein Problem, wenn Sie Ihrem Gegenüber Ihre Auffassungsgabe und Ihre Fähigkeit zu schnellem Kombinieren auch zeigen. Sie starten dann mit einer Frage, überlegen kurz und denken sich, dass man eine weitere Frage hinzufügen könnte. Ein geübter Verhandlungsgegner wird Ihnen geduldig zuhören und es genießen, wenn Sie eine ganze Aneinanderreihung von Fragen gestellt haben.

Analysetipp Nr. 3 – Fragen Sie immer nur eine Frage!

Er wird sich dann die für ihn leichteste Frage herausnehmen und diese zu seinem Vorteil interpretieren und beantworten.

Leider können Sie ihn nun weder unterbrechen noch ihm widersprechen, weil Sie selbst ja die Frage gestellt haben.

Ihr Gegenüber kann in diesem Fall zudem den Anschein erwecken, dass er alle ihre Fragen beantwortet hat.

Analysetipp Nr. 4 – Provozieren Sie keine frühe Festlegung!

Als Verhandlungsführer bei Geiselnahmen habe ich eine der wichtigsten Regeln der Verhandlung gelernt: Jeder Mensch lässt mit sich reden, sich sogar überzeugen – wenn er sich noch nicht festgelegt hat.

Eine Antwort ist eine Festlegung.

Zwingen Sie bitte Ihr Gegenüber zu keiner Festlegung und legen auch Sie sich nicht fest. Die logische Konsequenz: Beantworten Sie bitte in einer Verhandlung überhaupt keine Fragen!

Sobald sich jemand festgelegt hat, kann er von seiner Position ohne Gesichtsverlust nicht mehr abweichen. Fragen Sie deshalb selbst bitte immer im Konjunktiv. Fragen Sie, »ob es aus seiner Sicht möglich sein könnte …«, »ob es für sein Unternehmen von Interesse sein könnte …«.
Durch diese offene Fragestellung bekommen Sie die gewünschte vage Antwort.
Wenn Sie im Konjunktiv fragen, »ob es möglich sein könnte …«, dann antwortet man Ihnen: »Ja, das könnte unter Umständen möglich sein.«
Beide Verhandlungspartner legen sich nicht fest und bleiben somit im Spiel. Beide Partner können so auch immer wieder neue, kreative Vorschläge einbringen.

Am Ende des Tages heißt das für Sie, dass Sie Fragen, wenn überhaupt, nur im Konjunktiv beantworten. Jetzt halten Sie mir vielleicht entgegen, dass Sie diese Zeit nicht haben und schnell ein Ergebnis erzielen müssen. Ich darf Ihnen erwidern, dass das Lösen einer festgefahrenen Verhandlungssituation sehr viel länger dauert als eine gründliche und sich nicht festlegende Frage-Analyse.

Wer etwas behauptet, muss auch einen Beweis dafür liefern können. Wer vorsichtig fragt, muss nichts beweisen.

Analysetipp Nr. 5 – Verwickeln Sie Ihr Gegenüber in Widersprüche!

Aus meiner Erfahrung widerspricht sich jeder Verhandlungspartner während einer Verhandlung mehrmals, oft sogar dramatisch.
Diese Widersprüche bieten Ihnen die Möglichkeit, ein tieferes Verständnis seiner Motivation zu entwickeln und anhand ihrer tatsächlich zu erfahren, warum die Gewissheit Ihres Gegenübers in Bezug auf seine Verhandlungspositionen so stark ausgeprägt ist.

Notieren Sie während einer Verhandlung Bemerkungen Ihres Verhandlungspartners im O-Ton und schreiben Sie sich auch die jeweilige Uhrzeit des Zitats auf.
In meinen Unterlagen würden Sie Zeile für Zeile ein Zitat des Gegenübers sehen, links die Uhrzeit, dann das Zitat und am rechten Rand notiere ich mir gegebenenfalls ein »W«, dieses W steht für Widerspruch.

Es wäre äußerst unklug, einen Widerspruch, sobald Sie ihn erkannt haben, sofort anzusprechen. Denn so würden Sie Ihr Gegenüber eventuell aufwecken und damit verhindern, dass er sich noch in weitere Widersprüche verheddert, was erfahrungsgemäß im Laufe der Verhandlung der Fall ist.
Und jeder noch folgende Widerspruch ist für Sie von Vorteil. Notieren Sie also Uhrzeiten und Zitate und prüfen Sie am Ende der Verhandlung, wo genau die größten Widersprüche zu finden sind.

Beispiel

Ein Betriebsrat betont in einer Verhandlung, dass er von seinem Gremium das Mandat für diese Verhandlung erhalten hat. Er sei gut vorbereitet, fachlich im Bilde und somit entscheidungsberechtigt.
In einer kritischen Phase der Verhandlung versucht er auszuweichen und beruft sich auf den sogenannten »Gremium-Vorbehalt«.

Nun könnten Sie wie folgt vorgehen:

1. Begründung geben

Wie vorher bereits angeführt, ist es wichtig, eine Begründung für die Frage zu geben. Aufzuzeigen, warum Sie eine Frage stellen werden.

»Lieber Herr Betriebsrat, nochmals vielen Dank für die Darstellung der weiteren Vorgehensweise. Ich sehe ein strategisches und logisches Vorgehen auf Ihrer Seite und bin deshalb über einen Punkt Ihrer Vorgehensweise erstaunt. Erlauben Sie mir bitte eine Frage.«

2. Rat einholen

Jeder Verhandlungsführer ist ein Mensch mit einem gewissen Maß an Eitelkeit. Die Eitelkeit des Gegners wird in der Verhandlung meist unterschätzt und nicht oder falsch eingesetzt.

Dies soll keine Anleitung zur Manipulation sein, vielmehr möchte ich Sie darauf aufmerksam machen, wie gerne Menschen einen Rat geben. Und wie ungern Menschen sich einen Ratschlag erteilen lassen.

Fragen Sie deshalb nach Rat.

»Ich kann die derzeitige Situation schlecht einschätzen und würde Sie gerne fragen, ob Sie als erfahrener Experte einen Tipp haben, wie wir aus dieser Situation wieder herauskommen können?«

Alternativ dazu sind folgende Formulierungen sinnvoll:

Was würden Sie tun, wenn Sie auf meinem Stuhl sitzen würden?
Welchen Rat würden Sie mir bitte geben?
Nehmen wir an, Sie müssten diese Frage entscheiden, wie würden Sie vorgehen?

3. Widerspruch ansprechen

Nun gilt es, den notierten Widerspruch anzusprechen. Das Ziel hierbei ist glasklar: Es geht darum, das Gegenüber zu verunsichern, zum Nachdenken anzuregen und wertvolle Informationen zu gewinnen.

»Lieber Herr Betriebsrat …
1. Begründung geben
2. Rat einholen
3. Widerspruch ansprechen:
Auf der einen Seite haben Sie um 10.40 h gesagt, ich zitiere Sie: ›Mein Gremium hat mir das Mandat für diese Verhandlung übergeben.‹ Zitat Ende. Und nun habe ich Sie so verstanden, dass Sie das Gremium einbinden müssen, also nicht selbst entscheiden werden. Das verwirrt mich sehr.«

4. Schweigen

Nun haben wir es mit dem vielleicht sogar schwierigsten Element in Verhandlungen zu tun: sich zurücknehmen und einfach mal den Mund halten!

Wenn zum Beispiel Ihr Gegenüber nicht weiterweiß und nach Luft ringt, sollten Sie dies förmlich genießen. Indem Sie schweigen, erhöhen Sie den Druck auf ihn: Er muss nun Farbe bekennen, und er wird eine wichtige Information preisgeben.

Für alle Skeptiker gilt auch hier: Wenn Sie nicht an den Erfolg dieser Methode glauben, probieren Sie sie einfach einmal aus.

Verhandlungstipp: Verwickeln Sie Ihre Gegenüber in Widersprüche und nutzen Sie diese zu Ihrem Vorteil:
1. Begründung geben
2. Rat einholen
3. Widerspruch ansprechen
4. Schweigen

Warum Win-win nicht funktioniert

Zurück zur Ausgangsfrage: Wieso gibt es keine Win-win-Vereinbarungen in schwierigen Verhandlungen?

In komplizierten Verhandlungen gibt es einen Konflikt, der auf Gewissheiten beruht. Jede Partei besitzt die Gewissheit, im Recht zu sein und ihre Forderungen auch stellen zu dürfen.

Wenn Sie Ihre Gewissheiten kundtun, bauen Sie eine Gegenposition auf. Damit legen Sie sich fest, zwingen die Gegenseite zur Festlegung – und schon sitzen Sie in der Sackgasse der Verhandlung.

Sie sehen nur noch die gegensätzlichen Standpunkte und Interessen und keine gemeinsamen Interessen mehr.

Deshalb ist es so wichtig, die Gewissheit der Gegenseite zu analysieren, keine Fragen zu beantworten und keine Gegenposition zu präsentieren.

In dieser schwierigen Situation hilft die »Harvard-Strategie« nicht mehr. Wenn Sie nun gemeinsame Interessen betonen, auf Vernunft und langfristige Partnerschaft hoffen, dann werden Sie verlieren, da die Gemeinsamkeiten ohnehin nicht mehr wahrgenommen werden.

Denn vergessen Sie nie: Die Gegenseite will gewinnen, gegen Sie.

Auch hier spielt die Gewissheit wieder die entscheidende Rolle: Die Gegenseite glaubt, gewinnen zu können. Und Sie haben vielleicht sogar schon gezeigt, dass man gegen Sie gewinnen kann, dass Sie sich dem Druck beugen werden.

Nach der Analyse sollten Sie das Spiel also mit einem einzigen Vorsatz beginnen: gewinnen zu wollen! Im Strafgesetzbuch wird Vorsatz so definiert: mit Wissen und Wollen. Sie brauchen das Wissen, eine Verhandlung zum Erfolg führen zu können. Dieses Wissen möchte ich Ihnen in diesem Buch mitgeben. Und Sie brauchen das Wollen, diesen unbedingten Siegeswillen.

Es gibt Verhandlungsführer, die wissen, wie man gewinnen kann. Es fehlt jedoch der Wille, es zu tun. Auf der anderen Seite gibt es Verhandlungsführer, die wollen unbedingt gewinnen, allein es fehlt das Wissen um die richtige Vorgehensweise.
Wer erleidet mehr Schaden in einer Verhandlung?
Beide werden verlieren, für eine erfolgreiche Verhandlungsführung bedarf es immer der Kombination aus Wissen und Wollen.

▨ **Verhandlungstipp: Sie brauchen den Vorsatz, gewinnen zu wollen.**

Ja, Sie wollen gewinnen, und ja, es wird einen Verlierer geben.
Nein, nein, werden Sie mir entgegenhalten: Ein Verlierer wird nie wieder mit Ihnen reden wollen, und man sieht sich ja mindestens zweimal im Leben. Eine langfristige Partnerschaft funktioniert nur, wenn beide Seiten gewinnen.

Sie funktioniert nicht, wenn beide tatsächlich gewinnen. Sie funktioniert nur, wenn alle Beteiligten die Gewissheit haben, gewonnen zu haben. Ihr Ziel sollte also sein, bei Ihrem Gegenüber die Gewissheit zu erzeugen, dass er gewonnen hat. Gewissheit, nicht Wahrheit.

Der Verhandlungserfolg hat nichts mit der Wahrheit zu tun, sondern spielt sich im Kopf der Verhandlungspartner ab.

Wenn wir uns das Beispiel mit dem Autokauf näher betrachten, was wäre wohl passiert, wenn der Käufer mit einer hohen Forderung in die Verhandlung eingestiegen wäre? Wenn er die Verhandlung mit 8000 € begonnen hätte und nach langem und hartem Feilschen bei 9000 € zugestimmt hätte?

Dann hätte der Verkäufer die Gewissheit gehabt, ein tolles Ergebnis erzielt zu haben. Noch mal, der Erfolg spielt sich nur im Kopf ab: in den Gedanken Ihres Gegenübers. Er hat mit tatsächlichen Sachverhalten nichts zu tun.

Wahrheit:
Tatsächlich wäre das Ergebnis von 10 000 € für den Verkäufer besser gewesen.
Gewissheit:
Als Sieger fühlt er sich mit den 9000 €, weil er sich die hart erarbeiten musste.

Langfristige Partnerschaft

Per Definition ist die Partnerschaft eine Beziehung zwischen zwei gleichberechtigten Partnern. In einer schwierigen Verhandlung bedeutet dies, dass Sie einem machtvollen und mit Druck verhandelnden Gegenüber auf Augenhöhe entgegentreten müssen.

Nur durch das Einsetzen von Macht und Druck kommen Sie auf Augenhöhe und somit in eine langfristige Partnerschaft.

Verhandlungstipp: Der Kunde ist nicht König, sondern gleichberechtigter Partner.

Und jetzt wird es spannend, weil wir hiermit dem Slogan »Der Kunde ist König« abschwören. Auch diese klassische Kundenorientierung bitte ich Sie zu überdenken. Aus meiner Sicht heißt Kundenorientierung, dem Kunden die Orientierung zu geben.

Viele der heute schwierigsten Verhandlungssituationen sind aufgrund der beiden Irrtümer »Eine Win-win-Vereinbarung ist unabdingbar« und »Der Kunde ist König« erst so kompliziert geworden. Vertriebsabteilungen haben den Kunden als König verstanden, der König hat Gefallen an dieser Stellung gewonnen und die mit ihr verbundenen Vorteile immer mehr genutzt, sie sogar ausgenutzt.

Diese harten Verhandlungen, beispielsweise in der Automobilbranche, wurden deshalb so schwierig, weil die Lieferanten aus ihrer »Der Kunde ist König«-Haltung heraus zu lange und zu viel nachgegeben haben. Irgendwann ereilte sie aus wirtschaftlicher Notwendigkeit natürlich die Einsicht, dass es so nicht weitergehen kann. Daraufhin folgte bei vielen Lieferanten ein »U-Turn«, von Schwarz auf Weiß, vom lange praktizierten Nachgeben auf totalen Druck. Die Verhandlungsstrategie »Druck« muss nicht falsch sein, sie gilt es jedoch sehr gut vorzubereiten. Leider war dies bei vielen Unternehmen nicht der Fall. Sie wechselten in diesen schwierigen Verhandlungen nicht oder nur unzureichend vorbereitet auf die »Druck«-Strategie. Die Folgen dieser Vorgehensweise kennen Sie aus der Presse: Lieferstopp, offene Drohungen und, die schlimmste Folge, Qualitätsprobleme.

Ich werde in einem späteren Kapitel noch darauf zu sprechen kommen, warum die Verhandlungsstrategie »Druck« in der Automobilbranche zu Qualitätsproblemen geführt hat.

Zusammenfassend möchte ich festhalten, dass Sie eine langfristige Partnerschaft in Verhandlungen nur dann erreichen, wenn Ihre Gegenseite die Gewissheit hat, etwas bei Ihnen erreicht zu haben. Nur wer sich mit Ihnen auf Augenhöhe sieht, wird langfristig ein Partner sein.

**Das heißt für Sie, dass Sie von Beginn an mit Macht
und Druck in die Verhandlung gehen sollten.**

Vielleicht sind Sie bei den bisherigen Tipps ein bisschen erschrocken. Jahrelang dreht sich die gesamte Verhandlungsphilosophie um Win-win und langfristige Partnerschaft. Und jetzt lesen Sie von dem bewussten Einsetzen von Macht und Druck sowie dem Willen, gewinnen zu wollen.

In unserer Kultur sind diese Worte sehr negativ besetzt, wir meiden sie so gut es geht und erzählen uns lieber selbst die Mär von vernunftgesteuerten, rationalen, für alle Seiten guten Verhandlungen.

Gerade diese Vermeidungsstrategien sind ein entscheidender Grund dafür, dass so viele Unternehmen und Verhandlungsführer schlecht auf schwierige Verhandlungen vorbereitet sind.

Zudem verwechseln wir in unserer Kultur gerne den Inhalt mit der Form, die Sache mit der Sprache. Wir verstehen unter »harter Verhandlung« weniger die konsequente strategische Vorgehensweise, sondern eher ein hartes Auftreten mit markigen Sprüchen, Drohungen und entsprechenden Veröffentlichungen in der Presse.

Aus meiner Sicht ist Ihnen niemand böse, wenn Sie Ihre Verhandlung konsequent und strategisch durchziehen. Böse wird die Gegenseite Ihnen wie gesagt erst sein, wenn Sie aus der Rolle fallen und anfangen zu drohen.

Unterscheiden Sie bitte strategische Verhandlungsführung und die Sprache der Verhandlung. Die strategische Verhandlung werde ich in den nächsten Kapiteln behandeln. Ihre Sprache darf nie hart und drohend sein! Sie sollten immer im Konjunktiv reden, ein »Nein« vermeiden und stets freundlich und höflich mit Ihrem Gegenüber umgehen.

Dazu gehört, dass Sie jederzeit glaubwürdig bleiben, nie lügen und immer im legalen Bereich der Verhandlung bleiben.

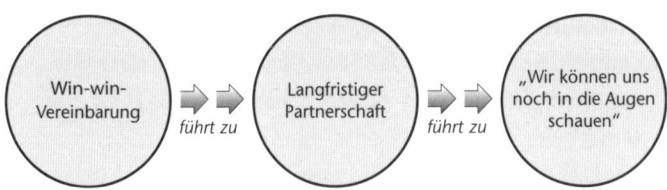

»Wir können uns noch in die Augen schauen«

Ja, das müssen Sie in einer Verhandlung erreichen.

Diese Gleichberechtigung und der daraus folgende Respekt in einer Verhandlung werden Ihnen jedoch nicht geschenkt, Sie müssen sie sich verdienen: durch konsequente und strategische Verhandlungsführung, nicht durch Nachgeben, nicht durch einen Kompromiss und vor allem nicht durch ein Appellieren an eine Win-win-Vereinbarung.

Zusammenfassung der Verhandlungstipps

- Sie brauchen den Vorsatz, gewinnen zu wollen.
- Der Kunde ist nicht König, sondern gleichberechtigter Partner.
- Sie sollten von Beginn an mit Macht und Druck in die Verhandlung gehen.
- Unterscheiden Sie strategische Verhandlungsführung und die Sprache der Verhandlung.
- Die Sprache darf nie hart und drohend sein! Sie sollten immer im Konjunktiv reden, ein »Nein« vermeiden und stets freundlich und höflich mit Ihrem Gegenüber umgehen.
- Sie müssen jederzeit glaubwürdig bleiben, Sie dürfen nie lügen und Sie müssen immer im legalen Bereich der Verhandlung bleiben.
- Lösen Sie sich von den Bewertungen »richtig« und »falsch«.
- Suchen Sie nicht nach Wahrheit, sondern finden Sie heraus, welche Gewissheit Ihr Gegenüber hat und weshalb.
- Finden Sie die Grenzen seiner Gewissheit heraus, wie weit würde er gehen?
- Analysieren Sie immer weiter, Sie wissen nie genug.
- Beginnen Sie erst mit einer Festlegung, wenn Sie eine Seite mit Informationen vollgeschrieben haben.
- Fragen Sie mit einer vorbereiteten Struktur!
- Bereiten Sie eine unstrittige Agenda vor.
- Erkennen Sie nie die Agenda der Gegenseite an.
- Fragen Sie einfach!
- Vermeiden Sie eine zu offene Fragestellung. Einer guten Begründung sollte eine Frage mit einem vorgegebenen Korridor folgen.
- Stellen Sie immer nur eine Frage!
- Provozieren Sie keine frühe Festlegung!
- Beantworten Sie keine Fragen, und wenn, dann nur im Konjunktiv. Verwickeln Sie Ihre Gegenüber in Widersprüche und nutzen Sie diese zu Ihrem Vorteil: 1. Begründung geben, 2. Rat einholen, 3. Widerspruch ansprechen, 4. Schweigen

IRRTUM NR. 2

Eine gute inhaltliche Vorbereitung ist entscheidend

Aus meiner Sicht sind die meisten Verhandlungsführer inhaltlich sogar zu gut präpariert. An anderer, entscheidender Stelle fehlt es jedoch an Vorbereitung: auf dem Gebiet der Strategie und Taktik.

An Infos herrscht kein Mangel: das open book

Die schwierigsten Verhandlungen werden derzeit in der Automobilindustrie geführt: zwischen den sogenannten OEM (Original Equipment Manufacturer) – das sind Hersteller wie Daimler, BMW oder Audi – und den sogenannten Tier One Suppliern, den direkten Zulieferern wie Bosch, Behr oder Siemens.

In diesen Verhandlungen gibt es eine Besonderheit, die ich aus anderen Branchen in dieser Intensität nicht kenne: das open book. Ein OEM hat mit dem Supplier meist über viele Jahre eine intensive und auch effektive Art der Zusammenarbeit aufgebaut. So ist es in der Branche Usus, dass die OEM den Supplier bitten, »die Bücher zu öffnen«, damit gemeinsam und mit vereinten Kräften nach Einsparmöglichkeiten gesucht werden kann. Diese Praxis des open book ist sehr verbreitet und bei fast allen großen Partnerschaften installiert.

Der Supplier öffnet die Bücher und lässt den OEM in seine internen Kalkulationen blicken. Zusätzlich besuchen Berater der OEM die Produktionsstätten der Supplier und suchen nach noch besseren Möglichkeiten, Kosten zu reduzieren.

Wer mit dieser Materie nicht vertraut ist, kann sich kaum vorstellen, mit welcher Verhandlungsmacht die OEM die ganzen letzten Jahre auftraten. Ein OEM mit allen Informationen über Produktionskosten, Lieferkosten, Qualitätsstandards etc. konnte ohne Probleme die firmeninterne Kalkulation des Suppliers unter die Lupe nehmen und mit Kalkulationen von anderen Suppliern vergleichen. Eine Vergleichbarkeit, die ich im Übrigen in Frage stelle.

Beispiel

Der OEM kommt auf den Supplier zu, hat alle Daten erhoben und mit anderen Suppliern verglichen und teilt dem Zulieferer nun mit, dass eine Sekretärin in einer seiner Produktionsstätten 10 % zu viel verdient.

Man möge doch die Lohnkosten der Dame um 10 % senken, die Ersparnis über die Laufzeit des Vertrages hochrechnen und die gewonnene Ersparnis an den OEM weiterreichen.

Anhand dieses simplen Beispiels können Sie sich ausmalen, welche Dimensionen die Vorgehensweise des open book angenommen hat.

Nach sagen wir 20-jähriger Zusammenarbeit und 10-jähriger open-book-Nutzung treffen sich die beiden Verhandlungsparteien zum sogenannten Jahresgespräch.

Das Jahresgespräch trug ursprünglich diesen Namen, weil nur ein Mal im Jahr intensive Besprechungen abgehalten wurden. Heute heißen die Jahresgespräche so, weil man während des ganzen Jahres über Details im Gespräch ist.

Die Vorbereitung der OEM

Die Abteilungen Einkauf, Produktion, Qualitätssicherung, Juristen und das Top-Management bereiten die Verhandlung akribisch vor. Sie werten alle verfügbaren Exceltabellen aus und erarbeiten dann die Zielvorgabe. Fast immer lautet diese: 8 % Kostensenkung pro Jahr, und das für die nächsten drei Jahre.

Der verantwortliche Einkäufer muss also für ein bereits laufendes Projekt, bei dem er Einblick in die Bücher des Zulieferers hat (open book), 8 % Kostensenkung für das nächste Jahr herausholen. Doch wie soll er das tun, da er doch über die letzten Jahre bereits die Akten des Suppliers gewälzt und mittlerweile alle Möglichkeiten ausgenutzt hat, Kosten einzusparen?

Sicherlich hat der eine oder andere Supplier in der Kalkulation ein bisschen getrickst, und es gibt eventuell noch was zu holen. Viel kann es jedoch nicht sein. Denn die Tricksereien der Zulieferer wurden von den Einkäufern über die letzten Jahre so konsequent entlarvt, dass fast alle Schlupflöcher in den Bilanzen bereits aufgespürt worden sind.

Nun sitzt der Einkäufer mit seinen Experten aus Produktion, Fertigung etc. am Verhandlungstisch und weiß genau, dass er bei diesem Lieferanten bereits am Limit angelangt ist. Er weiß, dass eine weitere Kostenreduktion schlichtweg nicht möglich ist, weil er die Kalkulation des Lieferanten genauestens kennt.
Was soll er tun?
Viele Einkaufsabteilungen wenden in einer solchen Situation eine gefährlich Taktik an: die Drohung!

Eine Drohung führt immer zu einer Reaktanz, also einer Reaktion auf die Drohung. Und die fällt selten so aus, dass sie dem weiteren Verlauf der Verhandlung von Nutzen ist. Wie genau das aussieht, werde ich in Kapitel 4 ausführen, in dem ich mich mit den psychologischen Momenten der Verhandlung auseinandersetzen werde.

Eine Drohung heißt in unserem Beispiel, eine hohe Forderung zu stellen (8 % Kostenreduktion) und eine sofortige Sanktion anzukündigen (Wechsel zu einem anderen Lieferanten).

Zusammenfassend bedeutet dies, dass die Vorbereitung der OEM zwar inhaltlich meist perfekt ist. Alle Zahlen und Daten sind verglichen und auch rational nachvollziehbar und darstellbar.

Weniger gut jedoch ist die Strategie vorbereitet. Was passiert in der Reaktanz-Phase mit dem Supplier? Wird er die Lieferung einstellen? Wird er versuchen, das im Einkauf verlorene Geld später durch Nachbesserungen wiederzubekommen? Konnte der Supplier sein Gesicht wahren?

Die Vorbereitung der Supplier

Auch hier bereiten die Abteilungen Sales, Produktion, Qualitätssicherung sowie die Juristen und das Top-Management die Verhandlung akribisch vor, werten alle verfügbaren Exceltabellen aus und erarbeiten die Zielvorgabe.

Den Supplier treffen zudem außergewöhnliche Preisentwicklungen am Rohstoffmarkt früher und deshalb meist auch härter als den OEM. Wenn die Rohstoffpreise signifikant gestiegen sind, dann kann es schon vorkommen, dass ein Key Account Manager mit einer Zielvorgabe von 10 % Preiserhöhung ins Rennen geschickt wird.

Die Preisdifferenz zwischen den Zielvorgaben der beiden Verhandlungspartner beläuft sich auf ganze 18 %, und dies in einem Prozess, der sehr transparent und rational darstellbar ist.

Rational gesehen, gibt es also überhaupt keinen Spielraum für eine Preisdiskussion.

Es sitzen sich zwei extrem gut vorbereitete Parteien gegenüber.

Jede Partei weiß, dass sie selbst keinen Deut von ihrer Forderung abweichen kann und definitiv ein Entgegenkommen der anderen Partei benötigt. Nach den gängigen Eingangsformulierungen – »Wir wollen eine Win-win-Lösung« – stellen sie ihre Positionen nochmals deutlich heraus, begründen die Forderungen rational – und was kommt dann?

Dann beginnt eine Phase der Verhandlungen, die ich »0 ZOPA« nenne. Die Phase ist eher ein Zustand, der sich in schwierigen Verhandlungen sehr, sehr häufig einstellt. Sie kennen ihn sicherlich auch.

Rien ne va plus: Die »0 ZOPA«-Phase

Die 0 steht für: Nichts geht mehr, es gibt keinen Spielraum für Zugeständnisse, und es ist nichts zu holen.

ZOPA ist die Abkürzung von »Zone of possible Agreement«. Dies ist der Bereich einer möglichen Einigung, mithin der Verhandlungsspielraum.

»0 ZOPA« beschreibt den Zustand der Verhandlung, der auch als Sackgasse bezeichnet wird. Alles ist gesagt, präsentiert, bewertet und nach rationalen Gesichtspunkten für richtig oder falsch befunden worden. In dieser Sackgasse liegt das Problem, doch in ihr liegt auch der Ansatz zur Überbrückung der »0 ZOPA«-Situation.

Aus diesen auswegslosen Lagen können Sie sich nur herausmanövrieren, wenn Sie sich nun endgültig, wie im vorherigen Kapitel beschrieben, von Bewertungen wie richtig und falsch trennen.

Abschied vom rein rationalen Verhandeln

Wenn Sie rational verhandeln, haben Sie sich bei der Vorbereitung durch Daten gewühlt, mit der Produktion, der Qualitätssicherung, den Juristen, dem Einkauf, dem Verkauf usw. beraten und sind bereits zu dem Ergebnis gekommen, dass Sie mit Ihrer Forderung recht haben. Wie gesagt, es ist Ihre Gewissheit, nicht die Wahrheit.

In der Verhandlung steckt das Wort »Handeln«. Es geht also darum zu handeln, anzubieten, feilzubieten, Forderungen zu erhöhen, Forderungen wieder zurückzunehmen, auch mal einzuschwenken, sich zurückzuziehen, laut zu werden, scheinbar abzubrechen, wieder zurückzukommen: ein Spiel also, das man Verhandlung nennt.

Aber Herr Schranner, wir sind doch nicht auf dem Basar! Wir sind doch keine Kamelhändler! Das ist doch nicht seriös!
Das Treiben auf einem Basar hat sicherlich nichts Unseriöses, sondern bloß etwas für uns Ungewohntes.

Mit »uns« meine ich uns Mitglieder der westlichen Kultur, die wir gerne andere Kulturen bewerten und oft den Anspruch erheben, mit unseren Vorstellungen richtig zu liegen. Wir wissen, was sich gehört und was nicht. Wir legen fest, was seriös ist und was im Business angeblich nichts verloren hat.

 Verhandlungstipp: Sie dürfen nicht rational verhandeln!

Interessant ist, dass es tatsächlich gravierende kulturelle Unterschiede des Verhandelns gibt. Damit meine ich nicht die allseits bekannten Klischees der größtmöglichen Widersprüche: etwa den jovialen US-amerikanischen Verhandlungsführer, der einem auf differenzierte Höflichkeitscodes achtenden chinesischen Partner gegenübersitzt. Die kulturellen Unterschiede des Verhandelns betreffen oft nur Nuancen, eben und gerade auch bei der Vorbereitung der Verhandlung: inhaltlich oder strategisch?

Wie bereitet sich ein arabischer Kunde auf den Besuch im Basar vor? Indem er Exceltabellen auswertet?

Ein arabischer Kunde betritt einen Laden und möchte sich ein weißes Hemd kaufen. Er geht nicht zielstrebig auf das Objekt seiner Begierde zu, so würde er sein Ziel gleich zu Beginn verraten.

Er begibt sich also gemächlich zu den Jacken, betrachtet sie in Ruhe, befindet keine für schön und macht sich wieder auf den Weg Richtung Ausgang. Nun ist der Verkäufer in der Pflicht. Er spricht ihn an, offeriert eine Tasse Tee, eine Beziehung wird aufgebaut.

Der Verkäufer fragt den unentschiedenen Kunden nun, ob er sich denn vielleicht den Kauf einer neuen Jacke vorstellen könne. Der Kunde springt nicht gleich darauf an, seine Blicke verweilen auf dem Ladenausgang. Der Verkäufer legt sich ins Zeug, holt nun (zufällig) ein weißes Hemd aus dem Regal und bietet es dem Kunden an.

Dieser sagt, dass das Hemd ja ganz schön wäre. Er fragt, ob er dieses Hemd jedoch in »Grün« haben könnte. Wohl wissend, dass diese Farbe nicht vorrätig ist. Der Verkäufer verneint und ist ab jetzt in einer schlechten Verhandlungsposition. Hätte er ein grünes Hemd, wäre ja vielleicht ein Geschäft möglich gewesen. Aus dieser schlechten Position heraus bietet er dem Kunden für das weiße Hemd eine Preisreduzierung an. Der Kunde sagt, er habe schon so viele weiße Hemden.

Die Verhandlung beginnt.

So viel zu der spielerischen Vorbereitung eines Käufers aus dem arabischen Sprachraum auf eine Verhandlung, von der wir uns eine oder zwei Scheiben abschneiden könnten.

Gerne möchte ich Sie darin bestärken, sich auch inhaltlich weiterhin gut auf eine Verhandlung vorzubereiten.

Diese inhaltliche Vorbereitung ist jedoch nutzlos, wenn Sie nicht mit einer strategischen Vorbereitung kombiniert wird.

Sie sollten dabei immer drei wichtige Elemente berücksichtigen, sei es bei langfristigen Projekten, bei eher spontanen oder auch privaten Verhandlungen:

1. Ziel
2. Strategie
3. Taktik

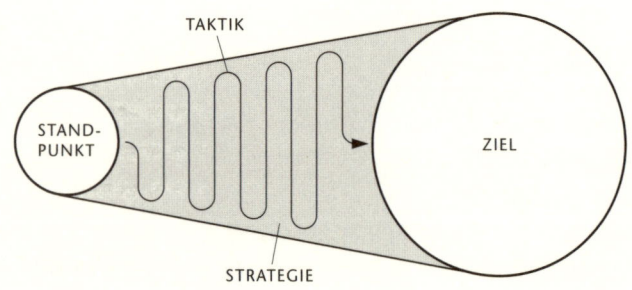

Strategische Vorbereitung

Eine Strategieentwicklung orientiert sich immer an den Elementen »Macht und Forderung« sowie »Kooperation«. Die Macht in einer Verhandlung ist abhängig von der technischen und persönlichen Dominanz eines Verhandlungsführers oder einer Verhandlungspartei. In Kapitel 5 werden wir die Begriffe Macht und Kooperation noch näher betrachten.

Mit einer professionellen Vorbereitung erhöhen Sie Ihre technische Dominanz, was letztendlich auch zu einer Erhöhung Ihrer Sicherheit und somit Ihrer persönlichen Dominanz führt.

Die folgenden Punkte sind für die Vorbereitung jeder Verhandlung von elementarer Bedeutung. Berücksichtigen Sie sie nicht, verlieren Sie Ihre technische Dominanz.

Ziel

Was wollen Sie erreichen?

Diese Frage ist leicht zu beantworten: Sie wollen mehr Umsatz, mehr Rendite, mehr Gehalt. Dieses Ziel stellt mithin das oberste Ende der Fahnenstange dar. Es wäre optimal, wenn Sie es erreichen könnten.

In schwierigen Verhandlungen werden Sie dies jedoch natürlich nicht schaffen. Ihr Gegenüber wird gegen Sie agieren, Sie unter Druck setzen und Ihnen aufzeigen, dass Sie keine Möglichkeit zur Zielerreichung haben. Jetzt kommt die viel schwierigere Frage: Wo werden Sie aussteigen, also die Verhandlung abbrechen?

Oder werden Sie mehr nachgeben als geplant, damit Sie nicht abbrechen müssen? Und die noch wichtigere Frage: Nach welchen Kriterien bewerten Sie jetzt das weitere Nachgeben bzw. den Abbruch der Verhandlung?

Im schlechtesten Fall wird Sie nun die Angst im Griff haben. Die Angst, Ihren Lieferanten zu verlieren, den Kunden zu verlieren, den Deal nicht gewinnen zu können.

Ihre Sicht der Dinge wird nun entscheidend von der Gegenseite beeinflusst – und diese hat eine klare Motivation: Ihre Gewissheit zu verändern!

Aus meiner Erfahrung kann ich Ihnen sagen, dass Sie während einer schwierigen Verhandlung arg ins Schwimmen kommen werden, wenn Sie keine klare Zielsetzung haben.

> Verhandlungstipp: Sie sollten deshalb zwei Elemente vor jeder Verhandlung schriftlich festhalten:
> 1. Das Maximumziel – was möchte ich erreichen?
> 2. Das Minimumziel – was muss ich mindestens erreichen, damit ich die Verhandlung fortsetzen werde?

Ein Ziel ist positiv und zukunftsorientiert. Negative und vergangenheitsorientierte Ziele sollten Sie deshalb grundsätzlich vermeiden.

Positive und zukunftsorientierte Ziele:
- Umsatzsteigerung um 3 % bei Kunde A bis Jahresende
- Verlagerung von 40 % der Produktion des Lieferanten A in LCC (Low Cost Countries) innerhalb von 3 Jahren
- Erhöhung des Nettoeinkommens, stufenweise innerhalb von 2 Jahren um 5 %

Negative und vergangenheitsorientierte Ziele:
- Umsatzrückgang verhindern
- Eskalationen vermeiden
- Es soll alles bleiben, wie es ist

Wichtig ist selbstverständlich noch, das eigene Ziel vor Beginn der Verhandlung nicht zu kommunizieren. Die Vorbereitung ist für Sie gedacht, nicht für Ihr Gegenüber.

Ich habe oft die Beobachtung gemacht, dass vor einer wichtigen Verhandlung die Agenda mit der eigenen Zielsetzung versendet wird.

Doch der arabische Kunde geht ja auch nicht direkt auf die weißen Hemden zu, sondern verheimlicht seine Zielsetzung zunächst.

In Kapitel 3 werden wir noch eine speziellere Zielsetzung für Führungskräfte kennenlernen. In ihm werde ich die Frage beantworten, welche Ziele Sie setzen und welche Sie aber auch kommunizieren sollen. Zudem wird von Ihnen als Führungskraft erwartet, dass Sie eine Priorität der Ziele deutlich kommunizieren. Ich werde Ihnen Dealmaker und Realmaker vorstellen und einen Leitfaden für die Vorbereitung als Führungskraft an die Hand geben.

Verhandlungstipp:
Setzen Sie sich positive und zukunftsorientierte Ziele.
Vermeiden Sie negative und vergangenheitsorientierte Ziele.
Kommunizieren Sie Ihr Ziel nie vor der Verhandlung.

Strategie

Eine Strategieentwicklung hängt von zwei Elementen ab:

1. Forderungen

Zu Beginn unserer Beratungen befragen wir die Kunden immer
zu Ziel und Strategie. Das Maximumziel wird immer sehr schnell
genannt, das Minimumziel ist in 95 % der Verhandlungen nicht
definiert.

Die Strategie unserer Kunden können wir gut anhand der Anzahl
und Formulierung der Forderungen erkennen. Wer viele konkrete
Forderungen erhebt, fühlt sich in einer starken Verhandlungsposition und kann dadurch die »ZOPA«, also den Verhandlungsspielraum vergrößern.
    Leider ist es meist so, dass sich unsere Kunden zu Beginn der
Beratung in einer schlechten Position wähnen und deshalb nur
wenige und vor allem unkonkrete Forderungen vorbereitet haben.

Unkonkrete Forderungen sind beispielsweise:
    »Wir wollen den Status quo aufrechterhalten.«
    »Es darf auf gar keinen Fall zu einem Streik kommen.«
    »Wir wollen eine langfristige Partnerschaft.«

Die Vorbereitung der Forderungen ist ein zentraler Punkt, Sie sollten vor jeder Verhandlung mindestens zehn Forderungen schriftlich festhalten.

Wenn Sie möchten, können Sie jetzt für Ihre nächste schwierige Verhandlung einige Stichpunkte machen. Welche Forderungen möchten Sie an die Gegenseite stellen, notieren Sie sich bitte
Ihre zehn Forderungen.

Nachdem Sie diese gestellt haben, sollten Sie Prioritäten setzen.
  Nutzen Sie hierzu bitte eine farbliche Aufteilung:
  Rot – diese Forderung müssen Sie durchbekommen.
  Gelb – diese Forderung sollten Sie durchbekommen.
  Grün – mit dieser Farbe markieren Sie Ihre »Dummys« – For-
derungen, die sie nicht stellen, weil sie diese unbedingt erfüllt be-
kommen möchten, sondern um Ihre Zielsetzung zu verschleiern
und um die ZOPA, Ihren Verhandlungsspielraum, zu vergrößern.

In dem Basar-Beispiel wäre die Forderung nach dem grünen
Hemd auch »grün« gekennzeichnet. Der arabische Kunde will
überhaupt kein grünes Hemd, er stellt die Forderung trotzdem,
damit er sein Ziel verschleiern und die Verhandlung strategisch
führen kann.
  Diese gelben und grünen Forderungen ermöglichen Ihnen,
von der inhaltlichen Vorbereitung zur strategischen Vorbereitung
vorzustoßen. Je mehr Forderungen Sie konkret in die Verhandlung einbringen, desto machtvoller und strategischer wird Ihre
Position.
  Wie das genau geht, sehen wir uns noch an. Noch sind wir in
der Vorbereitung.

Beispielhaft zeige ich eine Liste an Forderungen auf für:

  Einkaufsverhandlung
  Verkaufverhandlung
  Gehaltsverhandlung

Einkaufsverhandlung

Diese Forderungen können beispielsweise in eine Einkaufsverhandlung eingebracht werden:

Forderung	Priorität
	Rot – Muss Gelb – Soll Grün – Dummy
Preisreduzierung	Rot
Verbesserung ppm (parts per million – Liefergenauigkeit)	Rot
Verbesserung der Zahlungsbedingungen	Gelb
Verlagerung des Gerichtsstandortes	Grün
Treuebonus für die Einhaltung der zugesicherten Einkaufsprodukte	Gelb
Volumenbonus für die Einhaltung der zugesicherten Volumen	Gelb
Hochzeitsbonus nach Fusionen oder Firmenkäufen	Grün
Social-Responsibility-Projekte – die Bitte um finanzielle Beteilung des Lieferanten	Grün
Jede Anfrage des Einkaufs muss innerhalb von zwei Stunden beantwortet werden	Grün
Zahlungsbedingungen innerhalb der Gewährleistung – wer zahlt wann zu welchem Prozentsatz?	Gelb

Verkaufsverhandlung

Diese Forderungen können zum Beispiel in eine Verkaufsver-
handlung eingebracht werden:

Forderung	Priorität
	Rot – Muss Gelb – Soll Grün – Dummy
Preiserhöhung	Rot
Volumenerhöhung	Rot
Verbesserung der Zahlungsbedingungen	Gelb
Verlagerung des Gerichtsstandortes	Grün
Bonus bei Verbesserung ppm (Liefertreue)	Gelb
Intellectual Property (Kunde bezahlt Lizenzen für die Nutzung von Patenten)	Gelb
Bonus bei Verlagerung in LCC	Grün
Kunde soll sich mit den Fachabteilungen an internen Workshops und Audits beteiligen	Grün
Auf Kundenseite soll es einen festen Ansprechpartner geben – Gegenüber von Key Account Manager (i. S. one face to the customer/supplier)	Grün
Zahlungsbedingungen innerhalb der Gewährleistung – wer zahlt wann zu welchem Prozentsatz?	Gelb

Gehaltsverhandlung

Diese Forderungen könnten von Ihnen in eine Gehaltsverhandlung eingebracht werden:

Forderung	Priorität
	Rot – Muss Gelb – Soll Grün – Dummy
Gehaltserhöhung	Rot
Übernahme von mehr Verantwortung	Rot
Verbesserung der internen Weiterbildung	Gelb
Persönlicher Coach oder Mentor	Gelb
Firmenwagen	Gelb
Fünfjahresvertrag	Gelb
Lange Kündigungsfristen	Grün
Garantieabfindungen	Grün
Bonus und Tantieme bei einer Freistellung	Gelb
D&O; Director- und Officers-Versicherung mit Strafrechtsschutz	Rot

2. Kooperation

Nachdem die Forderungsliste erstellt ist, gilt es die Frage nach den Kooperationsmöglichkeiten zu beantworten.

Ist die Zielsetzung für die Verhandlung kurz- oder langfristig?

Haben Sie Beziehungen zur Gegenseite, und wie wertvoll sind diese? Möchten Sie diese Beziehungen nach der Verhandlung noch fortführen, oder ist Ihnen das egal?

Kurz- oder langfristig?

Diese Frage ist von sehr großer Bedeutung. Sollten Sie tatsächlich ein kurzfristiges Ziel haben und nicht an einer langfristigen Beziehung interessiert sein, dann haben Sie natürlich mehr Möglichkeiten in der Strategieentwicklung.

Sie dürfen dann sogar drohen und angedrohte Sanktionen sofort exekutieren. Sie müssen nicht auf die langfristigen Effekte achten und können mit einer »Nach mir die Sinntflut«-Einstellung in die Verhandlung einsteigen.

Das wäre beispielsweise dann der Fall, wenn eine Einkaufsabteilung bei einem insolventen Lieferanten noch rausholt, was rauszuholen ist. In den USA würde sich der Sachverhalt in diesem Fall freilich anders darstellen, weil dem Lieferanten durch das »Chapter 11« des amerikanischen Insolvenzrechts eine Chance geboten wird, wieder zurückzukommen und er meist auch zurückkommen wird.

Oder wenn Ihr Unternehmen die Geschäfte in Russland einstellt und Sie und Ihr Unternehmen keinerlei Interesse mehr an einem Engagement in diesem Land haben.

Auch hier dürfen Sie natürlich die Reichweite Ihrer Entscheidung nicht unterschätzen.

Die Frage, die Sie sich stellen müssen, lautet also konkret: Sind Sie kurzfristig oder langfristig orientiert? Hierbei ist eine Unterfrage von Bedeutung: Haben Sie Beziehungen zur Gegenseite?

Wenn wir unsere Beratungen starten, dann fragen wir immer nach den Beziehungen zur Gegenseite. Wer kennt wen? Diese Frage ist viel komplexer, als die meisten Kunden vermuten.

Beispiel

Ein OEM verhandelt mit seinem Supplier:
Der Einkäufer kennt den Key Account Manager seit drei Jahren.
Der Einkaufsleiter hat den Vertriebsleiter der Gegenseite bei einer Konferenz kurz getroffen.
Der Leiter der Fachabteilung im Einkauf hat mit dem Leiter der Fachabteilung im Verkauf zusammen studiert.
Der Controller kennt einen Freund des Controllers der Verkaufsseite.
Der CEO des OEM kennt den CEO des Suppliers von einer gemeinsamen Podiumsdiskussion mit anschließendem Abendessen.
Der derzeit unterstützende Berater von McKinsey beim OEM arbeitet im gleichen Büro wie der derzeit den Supplier unterstützende Berater derselben Unternehmensberatung.

Allein an diesem Beispiel sehen Sie, wie mannigfaltig die persönlichen Verknüpfungen zwischen den Verhandlungspartnern sein können. Und dabei berücksichtigt dieses Beispiel sogar nur die Beziehungen innerhalb eines Landes. Da Unternehmen häufig weltweit aktiv sind, ergeben sich daraus Netzwerke mit noch viel mehr beteiligten Personen.

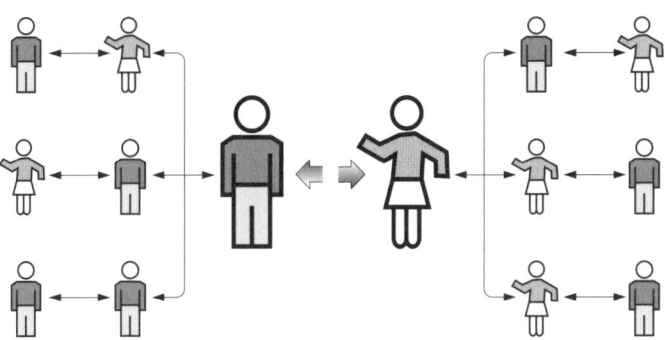

Wie wertvoll sind Ihre Beziehungen?

Noch wichtiger als das Existieren einer Beziehung ist die Qualität
dieser Beziehung.

Aus meiner Erfahrung sollten Sie die Beziehungen zur Gegenseite mit unterschiedlichen Linien darstellen:

Dünne Linie:
> Man kennt sich: professionelle Beziehung, weder negativ noch
> positiv.

Normale Linie:
> Man vertraut dem Gegenüber: vertrauensvolle Beziehung, in
> der eine Lüge keinen Platz hätte, ein Bluff schon.

Dicke Linie:
> Man zählt das Gegenüber zu seinen Freunden: sehr vertrauens-
> volle Beziehung, in der sowohl Lüge wie Bluff definitiv ausge-
> schlossen sind – nach dem Motto »Den kann ich auch sonn-
> tags anrufen«.

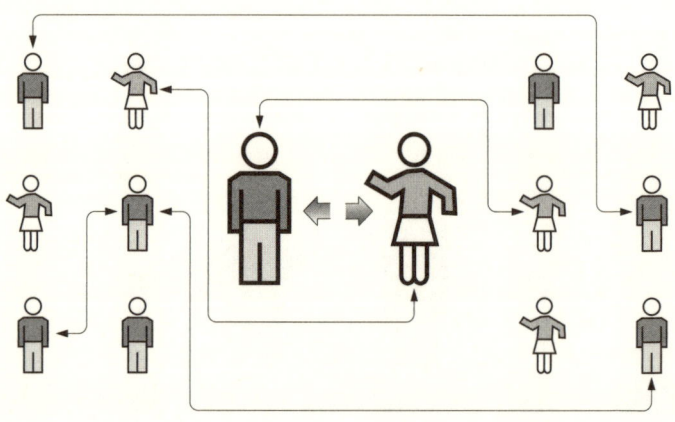

Ihre Beziehung zur Gegenseite hat Vor- und Nachteile.

Welche Position haben die Personen?

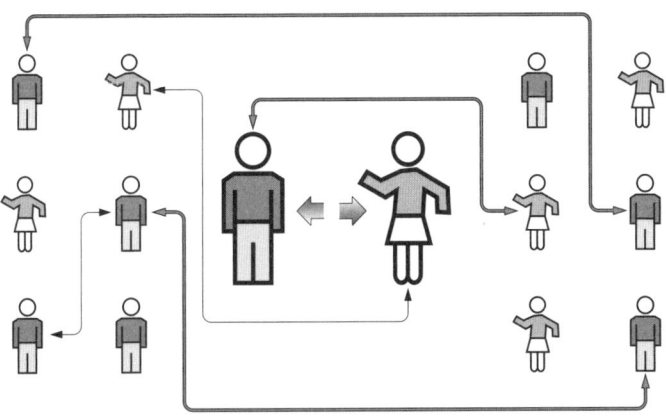

Entscheidungsstruktur:

Tragen Sie nun bitte ein, welche Rolle diese Personen im Verhandlungs- und Entscheidungsprozess einnehmen.

Sind es:

DM – Decision Maker. Er hat die Entscheidungsbefugnis. Er kann und wird entscheiden.

C – Commander. Er ist die Schnittstelle zwischen dem Entscheidungsträger (DM) und dem Verhandlungsführer (N). Er ist meist ein Abteilungsleiter wie zum Beispiel ein Verkaufsleiter.

N – Negotiator. Er ist der Verhandlungsführer.

Zu diesen Positionen innerhalb der Verhandlung später noch mehr.

Verhandlungstyp:

Auch der Verhandlungstyp ist für Sie von Belang. Insbesondere dann, wenn Sie im Vorfeld die Eskalationsszenarien durchspielen (siehe Kapitel 7).

Sind die beteiligten Personen also eher:

PRA – Pragmatiker
Sie vertrauen auf Zahlen, Daten, Fakten, logische und kausale Entscheidungsstrukturen, bei ihnen ist mit keinen Überraschungen zu rechnen.

EMO – Emotionale Verhandlungsführer
Diese nehmen Informationen intuitiv wahr, sie sind gute Beobachter, weisen unlogische und nichtkausale Entscheidungsstrukturen auf, entscheiden »aus dem Bauch«. Ihr Vorgehen ist daher nicht vorhersehbar, oft überraschend.

JUD – Judging, schnelle Umsetzer
Sie setzen Entscheidungen schnell um, möchten die Sachen vom Tisch haben, lieben Projekt-Management.

PER – Perceiving, abwartende Umsetzer
Sie warten mit der Umsetzung, sind Zauderer.

Stresstyp:

Das Verhalten der Verhandler unter dem Einfluss von Stress ist einen eigenen Typus wert. Sind sie unter Stress also eher:

ANG – Angriffstypen
Diese preschen unter Anspannung vor, reden pausenlos, hören nicht mehr zu, gehen nicht mehr auf Fragen und Argumente ein, werden sogar laut und aggressiv, manchmal beleidigend und verletzend.

FLU – Fluchttypen
Sie ziehen sich unter Anspannung zurück, werden ruhiger, lehnen sich zurück, versuchen einzulenken, bieten Kom-

promisse an, versuchen zu vertagen oder zu eskalieren, damit sie dann aus dem Spiel sind und der Chef übernimmt.

Die komplette vorbereitende Analyse eines Verhandlungsteilnehmers sieht dann so aus:

Kontakt	Meier, Hans
• Funktion	DM
• Verhandlungstyp	PRA
• Umsetzung	JUD
• Stress	ANG
• Interne Analyse im 360°-Blick	Interne Informationen über Hans Meier
• Infos Internet	Internet Research: Google, Yasni
• Interner Kontakt	Wer ist für Hans Meier der interne Ansprechpartner, wer betreut Hans Meier?
• V-Mann extern	Wer ist unser V-Mann in der gegnerischen Verhandlungsgruppe, wer kann uns Informationen liefern?
• V-Mann intern	Wer ist in unseren Reihen ein V-Mann der Gegenseite, eventuell eine »undichte Stelle«?
• Nächste Schritte	

Die Definition und Wichtigkeit eines V-Mannes sehen wir in Kapitel 7.

Taktik

Die Erkenntnisse aus der Vorbereitung Ihrer Forderungen sowie Ihre Erkenntnisse aus der Beziehungs-Landkarte und der Analyse der Qualität der Beziehungen sollten Sie nun in Ihre Taktik einfließen lassen.

Das Wort Taktik kommt aus dem Griechischen und wurde im Bereich der Kriegsführung für die »Kunst der Anordnung und Aufstellung eines Heeres« verwendet.

Wir ordnen somit alle Informationen an und stellen uns für die Verhandlung auf, konkret heißt das:

1. Stellen Sie Ihr Verhandlungsteam auf

Es bedarf eines Verantwortlichen, der für den gesamten Verhandlungsprozess die Verantwortung trägt und auch in der Phase der Vorbereitung bereits die Führung und damit auch die Aufstellung des Teams übernimmt.

Dieser Verantwortliche wird **Commander** genannt. Ein Commander ist in polizeilichen Einsätzen derjenige, der den Gesamtprozess im Blick hat und darauf achtet, dass die Strategie eingehalten wird. Bei Geiselnahmen oder Banküberfällen ist die strategische Führung von höchster Bedeutung, emotionale Reaktionen müssen zu 100 % ausgeschlossen werden.

In Ihren Verhandlungen werden Sie nicht auf Leben und Tod verhandeln, mit emotionalen Reaktionen werden Sie jedoch des Öfteren konfrontiert werden.

Sie brauchen deshalb definitiv jemanden, der strategisch denken kann und auch in stressigen Situationen noch belastbar ist. In der Firmenhierarchie ist der Commander meist ein Vice President, Abteilungsleiter, Verkaufsleiter oder Einkaufsleiter. Er ist nie derjenige, der in letzter Konsequenz entscheidet, das ist der Decision Maker.

Ein Commander sollte:

- Strategisch denken können, mehrere Schritte im Voraus – wie ein Schachspieler.
- Emotional eine gewisse Distanz zur Verhandlung herstellen können.
- Viel Erfahrung mit schwierigen Verhandlungssituationen besitzen.
- Ein eher ausgeglichenes Privatleben führen – also derzeit nicht in Scheidung, Hausbau etc. verstrickt sein.
- Körperlich belastbar sein – etwa mehrere Tage mit wenig Schlaf aushalten können.
- Definitiv nicht drogenabhängig sein – kein Alkohol, keine Zigaretten.
- Und, das wichtigste Element: unter Druck belastbar sein!

Der Commander sucht sich einen Verhandlungsführer, der die Verhandlung tatsächlich führen kann. In der Polizeisprache ist das der **Negotiator**.

Ein Negotiator sollte:

- Intuitiv wahrnehmen und mit Empathie verhandeln können – für die Details und technischen Feinheiten hat er seine Experten dabei.
- Uneitel und unaufgeregt führen können.
- Offen und im Konjunktiv reden können.
- Den Wald sehen können – für die Bäume hat er wiederum seine Experten.
- Und auch hier das wichtigste Element: unter Druck belastbar sein!

Wenn diese beiden Positionen bestimmt sind, ist das Team schon fertig aufgestellt.

Es ist in jeder Verhandlung ausreichend, wenn Sie mit zwei Personen in die Verhandlung gehen: einem Negotiator und einem Commander.

Diese Erfahrung gilt unabhängig von der Gruppengröße der Gegenseite. Wenn die Gegenseite mit einem größeren Trupp aufmarschiert, dann ist das immer zu Ihrem Vorteil, weil Tür und Tor für Ihre Angriffe geöffnet sind.

Wenn die Gegenseite solche dramatischen Fehler begeht, dann sollten Sie diese auch für sich nutzen.

Manchmal braucht es in Ihrem Team noch Experten, etwa solche aus der Qualitätssicherung oder Juristen. Diese nehmen jedoch nicht aktiv an der Verhandlung teil, sondern reden nur, wenn sie gefragt werden. Natürlich nur, wenn der eigene Negotiator das Wort an sie richtet. Werden sie von der Gegenseite befragt, halten sie sich bedeckt.

Wie das genau geht, werde ich in den Folgekapiteln weiter ausführen. Wir befinden uns schließlich noch immer in der Vorbereitungsphase der Verhandlung.

Je mehr Leute Sie in die Verhandlung mitnehmen, desto verwundbarer werden Sie. Nehmen Sie die Leute, die Ihnen von Nutzen sein können, also nicht mit, sondern binden Sie sie bereits vor der Verhandlung in den Vorbereitungsprozess mit ein.

Die Beziehungs-Landkarte zeigt Ihnen, wen Sie einbinden müssen und wen nicht. Zudem sehen Sie, wer wohl von der Gegenseite als Verbindungsmann – als V-Mann – genutzt werden wird.

Gehen Sie bitte extrem vorsichtig mit allen Informationen um. Achten Sie sehr, sehr strikt darauf, dass nur Ihr kleinstes Verhandlungsteam überhaupt im Besitz von verhandlungsrelevanten Informationen ist.

Schotten Sie alle Informationen intern und extern ab. Wenn bereits in der Vorbereitungsphase Informationen an die Gegenseite gehen, können Sie eigentlich bereits aufgeben. Dann haben Sie schon verloren!

Wir wollen gewinnen, also keinerlei Informationen nach draußen! Und genauso wichtig: keine Informationen mehr an Mitarbeiter Ihres Unternehmens, die nicht im Verhandlungsteam sind. V-Männer der Gegenseite sitzen überall!

2. Prüfen Sie alle vorliegenden schriftlichen Informationen

Prüfen Sie bitte alle vorliegenden Informationen auf Ihren Wahrheitsgehalt. Sie sollten immer mindestens zwei verschiedene Quellen miteinander abgleichen.

Es kann sein, dass Ihnen gefälschte Informationen zugespielt werden. Beispielsweise ist in einem unserer Beratungsfälle ein gefälschtes Dokument aufgetaucht. Die Gegenseite hatte ein Originaldokument eingescannt, mit einem Textbearbeitungsprogramm bearbeitet, Zahlen verändert und per Fax an unseren Kunden geschickt.

Solch ein Dokument erweckt natürlich den Anschein, ein Originaldokument zu sein, und ist schwierig als Fälschung zu enttarnen.

Ich möchte Sie nicht zu sehr verunsichern. Aber aufpassen sollten Sie schon.

Prüfen Sie also bitte immer zwei verschiedene Quellen, dann sind Sie meist auf der sicheren Seite.

3. Holen Sie unabhängige Expertenmeinungen ein

Während der Beratung fällt uns oft auf, dass unsere Kunden ständig bemüht sind, Informationen von der Gegenseite zu bekommen, und dabei ein zentrales Element vernachlässigen: die interne 360°-Sicht.

Fragen Sie doch in Ihrem eigenen Unternehmen, wie Sie Verhandlungen strukturieren sollten, welche Forderungen man stellen könnte, welche Taktiken Sie nutzen könnten.

Berufen Sie Meetings ein und fragen Sie intern, was Ihre Leute taktisch zu Ihrer Verhandlung beitragen können. Wenn Sie beispielsweise für den Verkauf verantwortlich sind, dann sollten Sie Ihre eigenen Einkäufer und Juristen zu einem Meeting bitten. Fragen Sie ganz einfach, welche Forderungen die eigenen Leute in die anstehende Verhandlung einbringen würden.

Wenn Sie über ein gutes Netzwerk verfügen, sollten Sie Experten aus anderen Branchen interviewen. Holen Sie sich doch Rat bei Einkäufern aus dem Automotive-Bereich oder aus dem LEH, dem Lebensmitteleinzelhandel. Deren Erfahrungen können Ihnen vielleicht von Nutzen sein oder Sie zumindest bei der Suche nach Lösungen inspirieren. Es geht um Strategien und Taktiken, nicht um Details Ihrer Verhandlung. Also bitte in diesen Kreisen keine wichtigen Informationen diskutieren.

Es kann hier Ausnahmen geben, wenn Sie ein vertrauensvolles Verhältnis zu allen Beteiligten haben und sicherstellen können, dass keine Information nach außen dringen wird.

4. Formulieren Sie Ihre Forderungen und suchen Sie nach Begründungen – dafür und dagegen

Auch dieser Abgleich sollte in diesem Expertengremium stattfinden.

Bringen Sie Ihre vorbereiteten Forderungen ein und fragen Sie nach Begründungen. Was spricht für Ihre Forderung, was dagegen? Mit welcher Unterstützung kann gerechnet werden, welche Argumente werden wahrscheinlich dagegen in Stellung gebracht werden?

5. Formulieren Sie Definitionen

Vor allem bei internationalen Verhandlungen kann es ob der Sprachbarrieren zu Missverständnissen bei Definitionen kommen. Sie sollten sich deshalb Definitionen immer notieren und eine zusätzliche Erklärung bereitlegen.

Lieber eine Definition zu lange und damit endgültig erklärt als zu kurz und potentiell missverständlich.

6. Informieren Sie sich über Ihren Partner

Dank dem Internet können Sie sehr schnell und vor allem legal an viele Informationen gelangen.

Neben www.google.com und www.yasni.com sind sicherlich noch Chatrooms und Blogs interessant. Geben Sie beispielsweise den Firmennamen des Gegenübers sowie einige schlimme Schimpfworte in Suchmaschinen ein, schon erscheinen Links zu Chatrooms, in denen Sie lesen können, was bei Ihrem Gegenüber gerade so im Unternehmen los ist.

7. Zeitrahmen und Fristen

Der Faktor Zeit hat einen enormen Einfluss auf Ihre Verhandlungsführung. Im Kapitel »Macht« werden Sie sehen, wie Sie Zeit als taktisches Element nutzen können.

In der Vorbereitung ist es enorm wichtig, alle Zeitrahmen und Fristen zu analysieren.

Welche Laufzeiten, Gewährleistungen, Kündigungsfristen gibt es beispielsweise? Zudem sollten Sie alle Eventualitäten in den Blick nehmen: Ist etwa eine Vertragsverlängerung unter bestimmten Voraussetzungen für eine bestimmt Dauer ohne neue Unterschrift möglich?

Es gibt tatsächlich in vielen Verträgen eine gewisse »Schonfrist« nach Vertragsende. Gerade solche Feinheiten müssen Sie wissen, damit Sie im entscheidenden Moment Ihre technische Dominanz ausspielen können.

Zusammenfassung der Verhandlungstipps

- Sie dürfen nicht rational verhandeln!
- Sie sollten deshalb zwei Elemente vor jeder Verhandlung schriftlich festhalten:
- Das Maximumziel – was möchten Sie erreichen?
- Das Minimumziel – was müssen Sie mindestens erreichen, damit Sie die Verhandlung fortsetzen werden?
- Setzen Sie sich positive und zukunftsorientierte Ziele.
- Vermeiden Sie negative und vergangenheitsorientierte Ziele.
- Kommunizieren Sie Ihr Ziel nie vor der Verhandlung.
- Klären Sie die Frage: Sind Sie kurzfristig oder langfristig orientiert?
- Zeichnen Sie eine Beziehungs-Landkarte mit allen beteiligten Personen.
- Stellen Sie die Beziehung zur Gegenseite mit dünnen, normalen und dicken Linien dar.
- Stellen Sie Ihr Verhandlungsteam auf.
- Ernennen Sie einen Commander und einen Negotiator.
- Schotten Sie alle Informationen intern und extern ab.
- Prüfen Sie alle vorliegenden schriftlichen Informationen.
- Holen Sie sich unabhängige Expertenmeinungen ein.
- Formulieren Sie Ihre Forderungen und suchen Sie nach Begründungen – dafür und dagegen.
- Formulieren Sie Definitionen.
- Informieren Sie sich über Ihren Partner.
- Analysieren Sie alle Zeitrahmen und Fristen.

IRRTUM NR. 3

Unser Unternehmen ist auf schwierige Verhandlungen vorbereitet!

Dies ist leider viel zu häufig eine Fehlannahme. Meiner Erfahrung nach sind Top-Management und Verhandlungsteams für einen Fall, der für schwierige Verhandlungen typisch ist, nicht im Geringsten präpariert: die Eskalation.

»Bei uns ist alles professionell organisiert. Aber wenn unser Verhandlungsteam einbricht, kommt der Druck der Gegenseite wie eine Flutwelle in unser Unternehmen.«

US-amerikanischer Manager

Ein Verhandlungsprozess beginnt sehr früh, meist mit der Strategieentwicklung des Top-Managements. Dieses legt den Rahmen, die Strategie fest. Innerhalb dieses Rahmens ergeben sich die Ziele für die einzelnen Verhandlungen.

Da es verschiedene Rechtsformen wie beispielsweise Aktiengesellschaften mit Vorständen oder GmbHs mit Geschäftsführern gibt, möchte ich ab jetzt einen einzigen Begriff für das Top-Management benutzen. Dieser Begriff ist vom US-amerikanischen FBI für den Verhandlungsprozess geprägt und dann von anderen Negotiation Task Forces weltweit übernommen worden. Es handelt sich um den endgültigen Entscheidungsträger im gesamten Prozess: den Decision Maker.

Die Rolle des Decision Makers

Er hat die höchste Entscheidungsverantwortung und entscheidet somit final. Er kann »Ja« sagen, wenn aus den Mündern aller anderen Verhandler ein »Nein« ertönt. Bei FBI-Einsätzen ist er eine Einzelperson, in Unternehmen kann der Decision Maker ein Einzelner oder auch ein Gremium sein.

Er wird in diesem Kapitel den größten Raum einnehmen, einfach deshalb, weil auf Decision-Maker-Ebene die meisten Fehler begangen werden. Das liegt nicht daran, dass diese Menschen weniger professionell agieren, sondern ist vielmehr in der ungenügenden Vorbereitung der meisten Unternehmen auf schwierige Verhandlungssituationen begründet.

Bei FBI-Einsätzen zeichnet der Decision Maker für den gesamten Einsatz verantwortlich, er entscheidet, welches Kommando wann und wo eingesetzt wird. Er verantwortet den Einsatz auch juristisch, muss also vor Gericht begründen und rechtfertigen, wieso er so und nicht anders entschieden hat.

Er hat die Möglichkeit, die Strategie zu formulieren und die taktischen Schritte einzuleiten. Die Formulierung des Ziels bleibt ihm erspart, weil dieses bei polizeilichen Einsätzen immer bereits vor dem Einsatz gesetzlich geregelt ist. So ist beispielsweise bei Geiselnahmen das Leben der Geisel zu schützen und der Geiselnehmer festzunehmen. Für den Decision Maker gibt es auch aufgrund der gesetzlichen Lage immer eine klare Priorität des Ziels: Das Leben der Geisel ist wichtiger als das Leben des Geiselnehmers. Das Ziel ist klar, die Priorität ist gesetzt, somit geht es nur noch um die richtige Strategieentwicklung.

Für einen Decision Maker in Business-Verhandlungen stellt sich die Strategieentwicklung weitaus schwieriger dar. Die Zielformulierung ist meist noch relativ einfach. Beispielsweise möchte

man den Marktanteil eines Produktes auf 40 % weltweit an-
heben.

Die Prioritäten der daraus entstehenden Zielkonflikte sind aber
meist unklar. Wenn es zu einer schwierigen Verhandlungssituation kommt und das Unternehmen entscheiden muss, ob es eine
Erhöhung des Marktanteils auch bei einer sinkenden Marge in
Kauf nimmt, beginnen schon die ersten internen Verhandlungen
Marktanteil versus Marge. Und diese internen Verhandlungen
sind ein großer Vorteil für die Gegenseite. Denn sie bleiben dieser
natürlich nicht verborgen und bieten ihr eine sehr gute Möglichkeit, den Verhandlungsprozess zu beeinflussen.

Beispiel:

Ihr Unternehmen möchte im nächsten Jahr den Marktanteil des Produktes A von
38 % auf 40 % erhöhen. Die Key Account Manager sehen grundsätzlich die Möglichkeit, den gewünschten Marktanteil zu erreichen, aber nur – so die Einkäufer der
Gegenseite – bei einer Preisreduktion von 10 %.

Und nun beginnt in Ihrem Unternehmen die vorbereitete Eskalationsstufe. Der Key
Account Manager kann der Preisreduzierung natürlich nicht eigenständig zustimmen, er muss beim Verkaufsleiter nachfragen. Der Einkäufer fordert zusätzlich zur
Preisreduzierung das Erscheinen des Verkaufsleiters, »damit wir mit den entschei-
dungsberechtigten Personen auch tatsächlich zum Abschluss kommen«. Der Verkaufsleiter kommt zur nächsten Verhandlung mit, alleine schon »um dem Kunden
die notwendige Wertschätzung zu zeigen«.

Während der nächsten Verhandlungsrunde zeigt sich der Einkäufer unnachgiebig
und bricht die Verhandlung mit den Worten ab: »10 % Preisreduktion, oder der
Wettbewerber bekommt den Zuschlag«.

Key Account Manager und Verkaufsleiter kehren in ihre Unternehmenszentrale zurück, und die internen Diskussionen beginnen. Was ist nun wichtiger, die Erhöhung
des Marktanteils oder das Erhalten der Marge?

Nun gibt es, wie ich bereits dargelegt habe, aus meiner Erfahrung
in jedem Unternehmen einen »V-Mann« der Gegenseite, also

einen Manager oder Mitarbeiter, der die Gegenseite über den Stand der internen Diskussionen unterrichtet.

Dieser »V-Mann« meldet nun dem Verhandlungsgegner, dass diese und jene Tendenzen vorherrschen und die internen Diskussionen in dieser oder jener Richtung verlaufen. Der Einkäufer hat nun leichtes Spiel:

Über inoffizielle Kanäle stellt er Ihrem Unternehmen einen Marktanteil von 45 % in Aussicht. Beispielsweise erzählt der Einkäufer auf einer Messe beiläufig, dass er sich für Ihr Unternehmen durchaus einen Marktanteil von 45 % vorstellen könnte. Dieses »könnte« macht dann innerhalb Ihres Unternehmens die Runde und landet auf dem Tisch des Decision Makers. Was nun leider viel zu häufig passiert, ist aus meiner Erfahrung einer der größten Fehler des gesamten Verhandlungsprozesses: Der Decision Maker greift in die Verhandlung ein!

Teurer Fehler: Das Eingreifen des Decision Makers

Ein Eingreifen des Decision Makers führt zu folgenden Nachteilen:

- Der verantwortliche Verhandlungsführer gibt die Entscheidungsverantwortung komplett ab, er wird zum »Briefträger« des Decision Makers und verliert vor der Gegenseite sein Gesicht.

- Der Vorgesetzte des Verhandlungsführers, in diesem Beispiel der Verkaufsleiter, wird selbst zum Verhandlungsführer. Er verliert die notwendige Distanz und Übersicht und kann die Verhandlung nun nicht mehr beobachten, sondern muss selbst in den Ring steigen.

- Der Decision Maker ist emotionalisiert und übernimmt teilweise die Verhandlungsführung. Er arbeitet nicht mehr an der Strategie, sondern wird Teil von dieser.

- Die Gegenseite kann über gezielte Eskalationsszenarien bestimmen, wer am Verhandlungstisch erscheint, und somit gezielt zusätzlich emotionalisieren.

- Je höher die Stellung des Verhandlers in der Hierarchie, desto mehr Verhandlungsspielraum für den Gegner – oder noch klarer formuliert:
  Der Decision Maker wird mehr Preisnachlass geben als der Key Account Manager, die Strategie der Gegenseite wird sich also lohnen.

Verhandlungstipp: Die wichtigste Erkenntnis ist, dass der Decision Maker die Strategie entwickeln und überwachen muss. Er arbeitet an der Strategie, aber nie mit oder innerhalb der Strategie.

Die Strategie des Decision Makers

Im Verhandlungsprozess obliegt dem Decision Maker die Strategie-Entwicklung des Top-Managements. Diese setzt sich aus folgenden sechs Unterpunkten zusammen.

1. Strategische Ziele

Der Decision Maker muss im Rahmen seiner Unternehmensvision strategische Ziele ausgeben und dann Raum für die operative Umsetzung lassen.

Die strategischen Ziele des Unternehmens sind meist sehr klar definiert: Umsatzwachstum, Erhöhung des Marktanteils, Steigerung des Profits, Einsparvolumen, Erhöhung des Fertigungsanteils in Niedriglohnländern etc.

Nach dieser Zielsetzung übernimmt dann die jeweilige Business Unit, also der Vertrieb oder der Einkauf oder ein anderer Bereich, die Ausgestaltung des strategischen Ziels.

2. Maximalziele

Er bestimmt das Maximalziel der Verhandlung und kommuniziert es intern.

Der Decision Maker, ob Einzelperson oder Gremium, bestimmt das Maximalziel für einen definierten Zeitraum, beispielsweise 5 % Umsatzwachstum im nächsten Quartal.

Dieses Ziel, in der internationalen Verhandlungssprache das Target, ist das oberste Ende der Fahnenstange, und es wäre optimal, wenn das Unternehmen dieses erreichen könnte. Das Maximalziel wird intern kommuniziert und bei den jeweiligen Business Units mit konkreten Zielvereinbarungen verknüpft.

Bis zu diesem Zeitpunkt gestaltet sich alles noch recht einfach, nun wird es aber spannend:

3. Walk-away-Punkt

Er bestimmt den Walk-away-Punkt der Verhandlung und kommuniziert diesen nicht, weder intern noch extern.

Das Bestimmen des Walk-away-Punkts ist schon sehr viel schwieriger. Wo steigen wir aus dem Verhandlungsprozess aus, was würden wir nicht mehr akzeptieren? An welchem Punkt, bei welchem Preis, bei welchem Prozentsatz werden wir die Verhandlung abbrechen?

Aus meiner Erfahrung kann ich Ihnen versichern, dass ein Bestimmen des Walk-away-Punkts vor der Eskalationsstufe für ein Unternehmen überlebenswichtig sein kann. Interessanterweise wird dieses Bestimmen oft unterlassen. Wenn ich Decision Maker in der Vorbereitung auf eine etwaige Eskalation frage: »Wie weit werden wir gehen?«, so kommen meist Antworten wie »Das sehen wir dann« oder »So schlimm wird es schon nicht kommen«.

Meine Erfahrung sagt, es wird so schlimm kommen, vielleicht sogar noch schlimmer als erwartet. Natürlich sind alle Fälle voneinander verschieden. Ein einheitliches Schema, das die Vorbereitung auf eine Sackgasse auf allen Entscheidungsebenen optimieren würde, ist schwerlich zu entwickeln. Mir fällt jedoch auf, und das ist ein Punkt, an dem Sie unbedingt ansetzen sollten, dass viele Decision Maker von zwei Faktoren gesteuert werden: einer gewissen Gutgläubigkeit und dem fehlenden Mut, eindeutig Position zu beziehen. Zudem ist nicht jeder unter Stress belastbar.

Es ist unstrittig, dass eine Entscheidung unter Stress immer emotional – und somit nicht rational – ausfällt. In der wichtigsten Phase der Verhandlung, der Eskalation, sind emotionale Entscheidungen leider immer falsch.

Damit Sie sich nicht während der Eskalation entscheiden müssen, sollten Sie sich bereits in der Vorbereitungsphase festlegen: Wo werden Sie aussteigen, wann werden Sie die Verhandlung abbrechen?

Das Abbrechen der Verhandlung ist eine normale Taktik innerhalb des gesamten Prozesses. Ein Abbruch hat nichts mit dem Eingeständnis einer Niederlage zu tun.

Die vor der Verhandlung getroffene Entscheidung für Ihren Walk-away-Punkt dürfen Sie auf gar keinen Fall kommunizieren. Wüsste die Gegenseite davon, wäre das fatal. Und wie bereits von mir ausgeführt, ist die Wahrscheinlichkeit hoch, dass in Ihrem Unternehmen ein »V-Mann« der Gegenseite sitzt. Also teilen Sie auch intern den Walk-away-Punkt nicht mit.

Selbst wenn Sie sicher sein sollten, dass die Information niemals an die Gegenseite gelangen könnte, dürfen Sie den Walk-away-Punkt nicht kommunizieren.

Unser Institut hat über einen Zeitraum von vier Jahren einen Automobilkonzern im Bereich »Sales« betreut. Die Verkäufer dieser Automobilmarke gewährten sehr unterschiedliche Nachlässe. Bei manchen beliefen sie sich auf durchschnittlich 6 %, bei anderen auf 12 %. Nun untersuchten wir, warum das Verhalten der Verkäufer bei der Gewährung von Nachlässen so große Unterschiede aufwies. Lag es an der Größe des jeweiligen Autohauses, der geographischen Konzentration von vielen Autohäusern in einer Gegend, der Aggressivität des Wettbewerbs …?

Es gab natürlich viele unterschiedliche Gründe, jedoch einen Hauptgrund: die Art und Weise, wie der Walk-away-Prozentsatz kommuniziert wurde!

Es gab Autohäuser, in denen das interne Ziel der Marge bei Autoverkäufen kommuniziert wurde. Deren Chefs taten den Mitarbeitern ganz ehrlich kund, dass die Autos mit maximal 12 % Marge verkauft werden sollen.

Welch Wunder, dass die Verkäufer dann auch bis zu 12 % Preisnachlass gaben.

In den anderen Autohäusern wurde nicht die wahrhaftige maximale Marge kommuniziert, sondern den Mitarbeitern ein Kosten-Kalkulationstool an die Hand gegeben. Mit diesem Tool konnte der Verkäufer erkennen, dass bei einem Preisnachlass von über 6 % das Geschäft nicht mehr profitabel war.

Und siehe da: Bei diesen Verkäufern pendelte sich der durchschnittliche Nachlass bei 6 % ein.

Daran ist vor allem interessant, dass die Verkäufer tatsächlich geglaubt haben, dass sie 6 bzw. 12 % Nachlass geben **mussten**, obwohl es sich bei den 12 % um eine maximale Marge handelte. Diese Gewissheit spiegelte sich dann auch im Verhandlungsverhalten wider. Die Verkäufer wurden immer dann konsequenter in der Preisdiskussion, wenn sie ihren Walk-away-Punkt erreicht hatten.

▦ Verhandlungstipp: Sie sollten also den tatsächlichen Walk-away-Punkt genau definieren und dann nicht kommunizieren.
Kommunizieren sollten Sie einen von Ihnen kalkulierten oder frei erfundenen Punkt. Wichtig ist nur, dass dieser kommunizierte Walk-away-Punkt vom tatsächlichen weit genug entfernt liegt. Je weiter, desto besser für Sie und Ihr Unternehmen.

4. Dealmaker oder Realmaker

Der Decision Maker entscheidet, ob Dealmaker oder Realmaker die Verhandlungsführung bestimmen.

Ein Verhandlungsprozess besteht chronologisch aus fünf großen Phasen, von denen hier die mittleren drei besondere Beachtung finden sollen:

- Strategieentwicklung
- Phase der Dealmaker
- Zwischenphase
- Phase der Realmaker
- Nachbereitung

Beispiel:

Ihr Unternehmen will ein anderes übernehmen. Alle Bereiche Ihres Unternehmens werden in den Prozess involviert, Sales, Human Resources, Legal Department etc. In all diesen Units gibt es jeweils zwei grundsätzlich voneinander verschiedene Interessenlager: das der Dealmaker und das der Realmaker.
Dealmaker möchten den Deal, die Unterschrift unter dem Vertrag und die daraus resultierende Provision. Es soll schnell gehen, Probleme sollen schnell gelöst und eine Einigung schnell erzielt werden. Das geht zu Lasten der Realmaker.
Denn die **Realmaker** sind für die Umsetzung des Deals verantwortlich. Sie müssen ausbaden, was vorher be- und versprochen wurde.

Die schwierigste und gefährlichste Phase bei der Übernahme eines anderen Unternehmens ist die zwischen der Phase, in der die Deal-, und derjenigen, in der die Realmaker das Sagen haben:

Der Vertrag ist unterschrieben, die Umsetzung hat aber noch nicht begonnen.

Erst müssen die Juristen noch Details klären, die Experten für Human Resources müssen noch Sondierungsgespräche führen, Arbeitnehmervertreter noch neue Gremien bilden. In dieser Phase der Orientierungslosigkeit verlieren die Unternehmen ihre besten Leute, leider. Doch der Reihe nach.

Phase der Dealmaker

Dealmaker möchten den Deal, schließlich werden sie für diesen auch bezahlt. Die typische Vorgehensweise der Dealmaker hat vier Komponenten:

Faktor »Zeit«:

Dealmaker drängen auf einen schnellen Abschluss. Es werden Milestones und zeitliche Vorgaben erstellt, frei erfundene und tatsächlich vorhandene.

Dealmaker wissen, dass die Zeit gegen sie arbeitet. Je länger der Deal nicht unterschrieben ist, desto schwieriger wird die Situation. Wettbewerber kommen ins Spiel, immer mehr Informationen gehen an die Gegenseite, es kommen neue Mitspieler hinzu, kurz: Die Verhandlung wird komplexer.

Faktor »Information«:

Dealmaker versuchen, sich einen Informationsvorsprung zu verschaffen. Sie streben grundsätzlich danach, so viele Informationen wie möglich anzusammeln und dabei selber so wenige Informationen wie möglich preiszugeben, intern wie extern. Die externe Informationszurückhaltung wäre ja nicht weiter dramatisch, die interne Zurückhaltung kann jedoch dramatisch werden.

Beispiel

Ein zeitlich unter Druck geratener Key Account Manager der Automobilindustrie sah sich gezwungen, sein bereits abgegebenes Angebot zu modifizieren. Das von Kundenseite angefragte Produktionselement sollte in einem fortgeschrittenen Planungsstadium zehn Gramm schwerer werden.

Der Key Account Manager hätte nun eigentlich die ganze interne Runde – Befragung des Einkaufs, des Cost-Controllings, der Qualitätssicherung etc. – noch einmal drehen müssen. Dann wäre der geforderte Abgabetermin aber nicht einzuhalten gewesen.

Er hielt die neue Information also intern zurück, unterschrieb den Vertrag und gab die Information über »die paar Gramm« Differenz erst nach Unterzeichnung an die Produktmanager weiter. Leider waren jedoch für »die paar Gramm«, die das Produktionselement mehr wiegen sollte, die Rohstoffpreise in den vorherigen Monaten extrem angestiegen. Hochgerechnet auf eine Millionenproduktion der Elemente und auf einen Produktionszeitraum von sieben Jahren machte die klitzekleine Grammzahl plötzlich einen zweistelligen Millionenbetrag aus.

Der Grundsatz der Dealmaker »Schnelligkeit vor Genauigkeit« kann zudem bei der Bewertung von neuen Informationen gefährlich werden. So bringen sie neugewonnene Informationen schnellstmöglich in die Verhandlung ein, oft jedoch, ohne ihren Wahrheitsgehalt zu überprüfen. Zeit ist schließlich Geld.

Faktor »Anzahl der Personen«:
Ein Dealmaker versucht, den Kreis der beteiligten Personen klein zu halten. Er weiß um die Gefahr der Informationsweitergabe nach außen und um die erhöhte Diskussionsbereitschaft bei größeren Gruppen, die nur Zeit kostet. Viele Köche verderben den Brei; je kleiner die Gruppe, desto schneller die Entscheidungsfindung. Wichtige interne Personen auszuschließen kann jedoch zum Problem werden.

Bei Übernahmen kommt es beispielsweise vor, dass Human Resources (HR) Manager so lange wie möglich von der Verhand-

lung ferngehalten werden. Dealmaker haben die Erfahrung gemacht, dass gerade HR-Angelegenheiten durch ihre Komplexität
einen gesamten Deal zum Erliegen bringen können. Deshalb nehmen sie bewusst schwierige Verhandlungspunkte aus der Agenda
und machen sie erst nach Vertragsunterzeichnung zum Thema.

Faktor »kritische Punkte«:
Und hiermit sind wir beim wesentlichen Fehler der Dealmaker
angelangt: der bewussten Zurückhaltung von kritischen Punkten.
    Warum scheitern so viele Übernahmen? Wieso gibt es nach
Vertragsunterzeichnung so viele Überraschungen? Weil ein Dealmaker – bewusst und gewollt – kritische Punkte der Verhandlung
zurückgehalten hat. Weil er nicht riskieren wollte, dass diese die
zeitliche, rechtliche oder inhaltliche Dimension sprengen.

Beispiel

Während eines langen M&A-Prozesses forderte das verkaufende Unternehmen, dass
einige hundert Mitarbeiter mit einer Beschäftigungsgarantie in das neue
Unternehmen übernommen werden. Diese Garantie war ein zentrales Element der
Forderungsliste. Die Dealmaker wussten um die Gefährlichkeit dieses kritischen
Punktes und sicherten diese Garantie zu. Das US-amerikanische Headquarter hatte
hierzu keine klare schriftliche Regelung erlassen, und doch war jedem Manager bewusst, dass es keine Besserstellung von neuen Mitarbeitern durch Beschäftigungs-
garantien geben kann. Nach der geleisteten Unterschrift gab es natürlich reichlich
Irritationen und rechtliche Probleme. Zu Lasten der Realmaker, nicht der Dealmaker.

Zwischenphase

Die Phase, in der weder Deal- noch Realmaker federführend sind,
ist aus meiner Sicht für Ihr Unternehmen die gefährlichste. Die
Dealmaker haben sich zurückgezogen und die ersten Überraschungen kommen auf den Tisch. Den Realmakern bleibt nichts

anderes übrig, als nun kopfschüttelnd die Verhandlungsführung zu übernehmen.

Diese Phase ist deshalb so prekär, weil es in ihr keinen wirklichen Verantwortlichen gibt. Beispielsweise haben Sales Manager den Kunden etwas versprochen, jedoch nicht schriftlich fixiert. Die Kunden konfrontieren nun die Produktmanager mit den Versprechungen. Die Produkt- schimpfen daraufhin über die Sales Manager und warten nur noch sehnsüchtig auf eine Entscheidung des Decision Makers.

Sollen sie die angebliche mündliche Vereinbarung zwischen Sales Manager und Kunden einhalten oder halten sie sich an die schriftliche Vereinbarung? Sie warten und warten und warten.

Diese Phase hat wenig mit Verhandlungsführung zu tun, sie stellt für alle Beteiligten vielmehr eine Führungsaufgabe während einer unsicheren Phase dar.

Während der Begleitung von verschiedenen Übernahmen habe ich festgestellt, dass Führungskräfte sich während dieser Phase gerne zurückziehen. Ein häufiger Kommentar: »Bevor ich etwas Falsches sage, sage ich lieber nichts.« Diese Haltung führt dazu, dass die Unsicherheit bei den Beteiligten, vor allem den Mitarbeitern, noch steigt. Und Unsicherheit ist ein Nährboden für Gerüchte und Mutmaßungen.

Phase der Realmaker

Realmaker sind für das Realisieren, die Umsetzung der Verhandlung verantwortlich. Ihre Vorgehensweise ist die folgende:

Faktor »Zeit«:
Dem Ansatz der Dealmaker genau entgegengesetzt, lautet der Lieblingsspruch der Realmaker: »Genauigkeit vor Schnelligkeit«. Sie drängen auf größtmögliche Zeitpuffer. Denn sie wissen, dass es Überraschungen geben wird, und beharren demnach auf langfristigen und flexiblen Zeitschienen.

Faktor »Information«:
Realmaker gehen offen mit Informationen um und gehen davon
aus, dass andere Verhandlungspartner das auch so handhaben.

Sie wissen, dass nur ein Austausch von Informationen einen
langfristigen Erfolg gewährleistet.

Faktor »Anzahl der Personen«:
Realmaker beziehen alle Personen in die Verhandlung ein, die an
der langfristigen Umsetzung beteiligt sein werden.

Sie wissen: Binden sie so viele Personen wie möglich frühzeitig
ein, trägt dies zu einer konstruktiven und effektiven Umsetzung bei.

Faktor »kritische Punkte«:
In diesem Bereich gibt es den größten Unterschied zum Dealmaker:

Ein Realmaker weiß, dass er nach der Vertragsunterzeichnung
mit der Gegenseite weiter zusammenarbeiten wird. Er muss tatsächlich »ausbaden«, was während der Verhandlungsphase eventuell unter den Tisch gekehrt worden ist, und wird somit auf eine
ehrliche und detaillierte Verhandlungsführung Wert legen.

Somit betont ein Realmaker gerade die kritischen Punkte und
spricht alle Probleme offen an, die in der Verhandlung auftauchen.
Realmaker werden deshalb intern oft als »Bremser« und »Beden-
kenträger« angesehen.

▌ **Verhandlungstipp:**
Als Decision Maker müssen Sie eine Grundsatzfrage klären. Sie sollten
sich bewusst sein, dass eine Mandatsvergabe an Dealmaker zu Überraschungen nach der Unterzeichnung führen wird. Wenn Ihnen am meisten am Abschluss des Deals liegt und Sie ihn auf keinen Fall gefährden
möchten, dann sollen die Dealmaker ran.
Wenn eine langfristige Sicherheit von größerer Bedeutung für Sie ist,
koppeln Sie die Verantwortlichkeit für den Deal an seine Umsetzung.

Nur so können Sie sicherstellen, dass wichtige Informationen auch während der Dealmaker-Phase auf den Tisch kommen und zeitgerecht verhandelt werden.
Gewähren Sie zudem Bonifikationen nur bei vorher ausgehandelter Vorteilserreichung.

5. Klare Vorgaben

Der Decision Maker bestimmt klare Vorgaben für das Verhandlungsteam.

Verbindliche Ablaufstrukturen für das Projekt

Der Decision Maker definiert die Strukturen der Verhandlung, die nicht angetastet werden dürfen.

Beispiel

Ihr Unternehmen entscheidet, eine Produktionsstätte in Deutschland zu schließen und die Produktion nach Rumänien zu verlagern. Aufgrund rechtlicher Rahmenbedingungen ist es notwendig, dass Sie die Schließung im Herbst dieses Jahres nach außen kommunizieren. Im Herbst müssen Sie auch die bestehenden Arbeitsverträge kündigen.
Dabei stellt es ein Problem dar, dass Ihr Unternehmen weltweit einen hohen Gewinn einfährt und die Bekanntgabe des Jahresgewinns ebenfalls im Herbst erfolgen muss. Sie erzielen also einen Rekordgewinn und kündigen gleichzeitig Tausende Arbeitsplätze in Deutschland.

Die Schließung des Werkes ist nicht mehr verhandelbar, wohl aber, wie Sie mit den zu kündigenden Mitarbeitern umgehen.

Als Decision Maker sollten Sie jetzt klare Strukturen erarbeiten, an denen sich das Verhandlungsteam orientieren kann.

Sie sollten definieren, mit welchen Parteien verhandelt wird:

- Arbeitnehmer
- Arbeitnehmervertretung
- Gewerkschaften
- Lieferanten
- Kunden

Die einzelnen Verhandlungsteams sollten wissen, welche Verhandlungen wann mit welchen Parteien geführt werden.

Bedenken Sie bitte, dass eine proaktive Verhandlungsführung für Sie als Decision Maker langfristig besser ist. Das bedeutet, dass Sie Ihre Verhandlungsteams besser aktiv an die verschiedenen Parteien heranführen und nicht warten, bis Sie zu einer Verhandlungsführung gezwungen werden. Wie genau die Verhandlungsteams dann vorgehen, das sehen wir im nächsten Kapitel.

Verhandlungstipp:
Als Decision Maker sollten Sie Ihren Verhandlungsteams eine klare Ablaufstruktur an die Hand geben. Ihre Teams müssen wissen, mit welchen Parteien zu welchem Zeitpunkt verhandelt wird.
Details aus den Verhandlungen der einzelnen Teams sollten nicht für alle Teams zugänglich sein, sonst ist die Gefahr der Informationsweitergabe nach außen zu groß.

Zeitliche Restriktionen

Der Faktor »Zeit« ist eines der wesentlichen Elemente der Verhandlungsführung. Wer über den zeitlichen Ablauf bestimmt, übernimmt auch die Verhandlungsführung.

Kommunizieren Sie auch hier niemals die von Ihnen klar definierten Milestones, weder nach außen noch nach innen.

Wenn Sie – wie in dem oben angeführten Beispiel – bis Oktober neue Lieferantenverträge abgeschlossen haben müssen, geben Sie Ihrem Verhandlungsteam Zeit bis September. So bleibt Ihnen als Decision Maker noch mehr Spiel- und Entscheidungsfreiraum.

Sollte Ihr Team bis September seinen Auftrag erledigt haben, dann passt alles. Wenn nicht, haben Sie zumindest noch intern die Möglichkeit, die Verhandlung zu beeinflussen.

Verhandlungstipp: Als Decision Maker sollten Sie die definierten Milestones nicht kommunizieren, weder nach außen noch nach innen – das gibt Ihnen zeitlichen Spielraum und Entscheidungsfreiheit.

Inhaltliche Restriktionen: »Point of no Return«

In komplexen Verhandlungsprozessen gibt es einen Point of no Return.

Sobald dieser Punkt erreicht ist, können Sie nicht mehr ohne Schaden aussteigen.

Beispiel

Ein Einkäufer muss für einen Anlagenbauer ein Bauteil mit hoher Spezifikation einkaufen. Dieses Bauteil kann nur von drei Lieferanten weltweit entwickelt und geliefert werden.

Die Verhandlungen werden in der ersten Runde mit allen drei Lieferanten geführt. Daraufhin verfeinern die drei Wettbewerber die Spezifikation des Bauteils noch. In der zweiten Verhandlungsrunde muss ein Lieferant aussteigen, weil er auf dem hohen Level der Spezifikation nicht mehr mithalten kann.

Der Einkäufer verhandelt nun mit den beiden verbliebenen Lieferanten die technischen Anforderungen. Es kristallisiert sich Lieferant Nr. 1 als der beste Lieferant für das Bauteil heraus.

Die Verhandlungen mit Lieferant Nr. 2 werden daraufhin abgebrochen, Lieferant Nr. 1 wird jedoch in dem Glauben gelassen, dass es noch zwei Wettbewerber gibt.

Der Einkäufer führt nun die rechtlichen Verhandlungen mit Lieferant Nr. 1 und trifft mit ihm eine Vereinbarung über IP (Intellectual Property – das geistige Eigentum –, also Patentrechte).

Mit der Aufnahme der IP-Verhandlungen wird der Point of no Return erreicht –

es gibt kein Zurück mehr für den Einkäufer, er kann das Bauteil nur noch von Lieferant Nr. 1 beziehen.

Der Einkäufer startet die Preisverhandlung über das Bauteil – nach der IP-Einigung und ohne mögliche Lieferanten-Alternativen. Er übt sehr viel Druck aus, übersieht dabei aber leider, dass er den Point of no Return schon überschritten hat.

Resultat: Lieferant Nr. 1 bricht die Verhandlungen ab, der Einkäufer muss einlenken und einen zu hohen Preis akzeptieren.

Verhandlungstipp: Als Decision Maker haben Sie neben dem Walk-away-Punkt auch den Point of no Return klar zu definieren. Den Point of no Return sollten Sie jedoch unbedingt intern kommunizieren, damit Ihr Verhandlungsteam genau weiß, wie weit es gehen darf. Und noch viel wichtiger: wie weit es nicht gehen darf.

6. Spielregeln

Der Decision Maker bestimmt die Spielregeln der Verhandlung.

Ethik und Compliance

Es gibt Unternehmen, in denen ein Bestimmen der Spielregeln nicht notwendig ist, weil eine über Jahrzehnte entwickelte Firmenkultur bereits die Einhaltung von bestimmten Regeln garantiert. In solchen Firmen stehen Ehrlichkeit, Fairness und langfristige Partnerschaften im Fokus und brauchen nicht durch einen speziell eingesetzten Compliance-Verantwortlichen, einen Beauftragten für die Einhaltung von Richtlinien, kontrolliert zu werden. Diese Unternehmen sind meist durch eine Firmenführung geprägt, die die Werte nicht nur vorschreibt, sondern auch vorlebt.

Der zunehmende Druck in Verhandlungen führt jedoch zu einer härteren Verhandlungsführung, unter Anwendung immer unfairerer Mittel.

Ich habe nicht das Recht, Ihnen zu sagen, welche Mittel fair und welche unfair sind. Zudem möchte ich nicht das Hohelied auf das Fair Play singen. Ich weiß, dass Verhandlungen hart sind und Sie sich durchsetzen müssen.

Es geht meiner Meinung nach nicht darum, fair oder unfair zu sein. Wichtig ist nur, dass Sie bestimmen, welchen Grad der Härte und Fairness Sie in der Verhandlung verwirklicht sehen möchten und welche Mittel Sie billigen werden.

Was für Ihre Verhandlungsteam gilt, gilt natürlich auf für Sie. Die Werte, deren Befolgung Sie einfordern, müssen Sie selbst leben. Und für die Einhaltung der Standards die Verantwortung tragen.

»No-Gos«

Als Decision Maker sollten Sie auch die No-Gos klar definieren, also all das, was Sie definitiv nicht dulden werden.

Dazu gehört aus meiner Sicht:

Milestones in Frage stellen

Ihre Verhandlungsteams müssen sich unbedingt an die von Ihnen definierten Milestones halten. Sobald Sie ein Verschieben auch nur im Ansatz tolerieren, verlieren Sie die Kontrolle über eines der wichtigsten Verhandlungselemente: die Zeit!

Prioritäten in Frage stellen

Diskussionen über die Prioritäten setzen ein, sobald die Gegenseite den Druck erhöht. Bitte bedenken Sie immer, dass Sie als Decision Maker die Strategie vorgeben und nicht Teil der Strategie sind.

Ihr Key Account Manager will beispielsweise den Kunden unbedingt halten, koste es, was es wolle. Wenn er den Kunden verliert, ist er auch seinen Job los. Deshalb wird er alles tun, um ihn zu halten, er wird sich die Treue des Kunden zur Not »erkaufen«.

Das Ziel des Account Managers ist also: Kunde halten, auch zu Lasten des Profits. Er ist nur ein Rädchen in Ihrer Strategie und hat nicht die große Vision des Unternehmens im Blick.

Wenn Sie eine Diskussion über diesen Kunden zulassen, werden Sie ein Bestandteil der umgesetzten Strategie, statt sie nur zu überwachen. Sie verhandeln dann aus der Defensive und versuchen zu überzeugen.

Das ist jedoch nicht Ihr Job, also versuchen Sie es bitte auch nicht.

Sie geben die Strategie vor, damit Ihre Verhandlungsteams in ihrem Rahmen agieren können. Die Teams bleiben »drin«, Sie bleiben bitte »draußen«.

Rollenaufteilung in Frage stellen

Dieses No-Go nicht zu dulden wird Ihnen vielleicht am schwersten fallen. Nicht, weil die Verhandlungsteams sich nicht an Ihre Vorgabe halten, vielmehr, weil Sie selbst Probleme haben werden, die einmal vergebenen Rollen unangetastet zu lassen.

Im Detail werde ich auf die Rollenverteilung im nächsten Kapitel eingehen, wenn ich die Aufgabe des Commanders beleuchte.

So viel sei jedoch schon hier gesagt: Lassen Sie keine Diskussionen über die Rollenaufteilung zu. Wie gesagt, Sie geben vor und diskutieren Ihre Ansagen nicht.

Confidentiality Agreements

Die »V-Mann«-Problematik habe ich bereits angeschnitten. Es gibt in jedem Unternehmen Manager und Mitarbeiter, die Informationen an die Gegenseite weiterleiten.

Manche werden dies in böser Absicht tun. Die meisten jedoch wissen gar nicht, dass sie der »V-Mann« der Gegenseite sind.

Ein solcher kann beispielsweise ein Entwicklungsingenieur Ihres Unternehmens sein, der mit dem Entwicklungsingenieur der Gegenseite ein Projekt vorantreibt. Beide tauschen projektbezogene Informationen aus.

Und jetzt wird es spannend:

Der Einkäufer der Gegenseite bittet seinen Ingenieur um weitergehende Informationen zur Kostenstruktur. Dieser ruft daraufhin in Ihrem Unternehmen an und fragt nach einer Exceltabelle, die ihn die Kostenstruktur des Bauteils nachvollziehen lässt.

Ihr Ingenieur versendet nun in dem guten Glauben an eine vertrauensvolle Zusammenarbeit eine Datei, aus der er immerhin zuvor alle sensiblen Daten gelöscht hat. Er gibt also nur Informationen preis, in deren Besitz die Gegenseite ruhig kommen darf. Was viele nicht wissen: Beim Versenden von Exceltabellen werden gelöschte Daten und sogar die dahinter liegenden Kalkulationsangaben rekonstruiert und mitgesendet. Der Einkäufer der Gegenseite erhält so die Kosten- und Kalkulationsstruktur Ihres Unternehmens. Ihr Key Account Manager hat nun schlechte Karten, weil der Einkäufer für die bevorstehende Preisverhandlung die Kostenstruktur vielleicht sogar besser kennt als Ihre eigenen Sales Manager.

Kommunizieren Sie als Decision Maker die Geheimhaltungsvereinbarungen also klipp und klar und drohen Sie bei Verstößen Konsequenzen an.

Verhandlungstipp: Kommunizieren Sie als Decision Maker klar und deutlich, welche Werte für das Unternehmen und Sie wichtig sind, welche Taktiken Sie billigen und welche nicht. Zudem sollten Sie herausstellen, was unantastbar ist und nicht diskutiert wird:

- Milestones
- Prioritäten
- Rollenaufteilung
- Klare Vorgaben zur Geheimhaltung

Zusammenfassung der Verhandlungstipps

- Als Decision Maker entwickeln und überwachen Sie die Strategie. Sie arbeiten an der Strategie, aber nie mit oder innerhalb der Strategie.

Ihre Kernaufgaben sind:

- Den tatsächlichen Walk-away-Punkt genau zu definieren und dann nicht zu kommunizieren. Verbreiten Sie stattdessen einen von Ihnen kalkulierten oder frei erfundenen Walk-away-Punkt. Wichtig ist nur, dass er vom tatsächlichen Walk-away weit entfernt liegt. Je weiter, desto besser für Sie und Ihr Unternehmen.
- Eine Grundsatzfrage zu klären.
  Die Interessen welcher Partei passen besser in Ihre Strategie: die der Dealmaker oder die der Realmaker? Sie müssen sich bewusst sein, dass eine Mandatsvergabe an Dealmaker zu Überraschungen nach der Unterzeichnung führen wird.
  Wenn Ihnen der Abschluss des Deals sehr wichtig ist und Sie ihn nicht gefährden möchten, sollen die Dealmaker ran.
  Wenn Sie eine langfristige Sicherheit anstreben, so koppeln Sie die Verantwortlichkeit für den Deal an seine Umsetzung. Nur so können Sie sicherstellen, dass wichtige Informationen auch während der Dealmaker-Phase nicht unter den Tisch gekehrt und zeitgerecht verhandelt werden. Gewähren Sie zudem Bonifikationen nur bei vorher ausgehandelter Vorteilserreichung.
- Ihren Verhandlungsteams eine klare Ablaufstruktur an die Hand zu geben. Ihre Teams müssen wissen, mit welchen Parteien zu welchem Zeitpunkt verhandelt wird. Details aus der Arbeit der einzelnen Teams sollten nicht für alle Teams zugänglich sein, sonst ist die Gefahr der Informationsweitergabe nach außen zu groß.
- Die definierten Milestones nicht zu kommunizieren, weder nach außen noch nach innen – das gibt Ihnen zeitlichen Spielraum und Entscheidungsfreiheit.
- Neben dem Walk-away auch den Point of no Return klar zu definieren. Diesen kommunizieren Sie jedoch intern, damit Ihr Verhandlungsteam genau weiß, wie weit es gehen darf. Und noch viel wichtiger: wie weit es nicht gehen darf.

- Klar zu kommunizieren, welche Werte für das Unternehmen und Sie wichtig sind, welche Taktiken Sie billigen und welche nicht.
Zudem sollten Sie deutlich herausstellen, was unantastbar ist und nicht diskutiert wird:
  - Milestones
  - Prioritäten
  - Rollenaufteilung
  - Klare Vorgaben zur Geheimhaltung

IRRTUM NR. 4

Wir müssen früh für Klarheit sorgen!

Sie haben das Ziel ausgegeben, Strategie und Taktik entwickelt, das Team ist gut aufgestellt und vorbereitet. Nun geht es endlich los, die konkrete Verhandlung am Tisch beginnt.

In der Verhandlung ist Klarheit eine wichtige Tugend. Wichtiger als die Klarheit nach außen ist aber die innere Klarheit, über die Sie verfügen:

Sie müssen genau wissen, was Sie tun werden, dürfen den Kern Ihrer Strategie jedoch niemandem anvertrauen. Und sich dadurch früher als nötig nach außen auf ein bestimmtes Ziel festlegen. Frühe Festlegungen sind meist emotional bedingt und erfüllen keine strategische Funktion.

Auf der Basis von Emotionen wie Angst, Ärger oder Wut treffen Verhandelnde häufig Entscheidungen, die ihnen später noch leidtun.

Beispiel

Eine Gewerkschaft fordert öffentlich einen eigenen Tarifvertrag. Dieser Tarifvertrag ist für die Gewerkschaft von großer Bedeutung, weil ihre Mitglieder eine Tätigkeit ausüben, die von einem Rahmentarifvertrag nicht mehr abgedeckt werden kann. Die Gewerkschaft knüpft ihre Forderungen an eine Sanktion und kommuniziert diese auch in den Medien: »Wenn wir keinen eigenen Tarifvertrag bekommen, dann streiken wir!«

Aus juristischer Sicht ist ein eigener Tarifvertrag aber gar nicht möglich. Dieses Wissen um die Rechtslage kommuniziert daraufhin die Arbeitgeberseite auch sofort in den Medien: »Es kann keinen eigenen Tarifvertrag geben!«

Beide Verhandlungsparteien haben sich also bereits festgelegt, obwohl die Verhandlung am Tisch noch gar nicht begonnen hat.
Ein schwerwiegender Fehler, weil beide Vertragparteien das Gesicht verlieren müssen.

In einer Verhandlung kommen immer zwei Elemente zum Tragen: ein rationales und ein emotionales. Das rationale Element bildet die Grundlage der Argumentation. Das emotionale Element in einer schwierigen Verhandlung ist auf Stress und Angst zurückzuführen und hat viele Gesichter.

Der Einfluss von Stress in einer Verhandlung

Stress hat einen enormen Einfluss auf das Verhalten während einer Verhandlung. Ein von Stress hervorgerufenes Verhalten ist schwer kontrollierbar und vorhersehbar, oft schlägt es völlig überraschend um.

Um Sie auf stressbedingte Emotionalität in Verhandlungen vorzubereiten, möchte ich Ihnen gerne aufzeigen, wie Stress in den verschiedenen Phasen einer Verhandlung seine Wirkungskraft entfaltet.

Allgemein ist Stress ein automatisierter Vorgang in Ihrem Körper, der dann abläuft, wenn Sie einen Reiz wahrnehmen, den Sie für gefährlich erachten. Sie haben dann Stress,, wenn Sie nach Ihrer subjektiven Bewertung in Gefahr sind. Somit liegt die Bewertung von und die Reaktion auf Gefahr und damit Ihr Stresslevel wieder im Bereich der Gewissheit und nicht der Wahrheit.

Sie alleine entscheiden, ob der jeweilige Reiz für Sie eine Gefahr darstellt. Diese Entscheidung ist jedoch nicht rational und vernünftig, sondern erfolgt instinktiv.

In Kurzform:

· Sie nehmen den Reiz wahr.
· Sie befinden instinktiv, dass dieser Reiz eine Gefahr für Sie darstellt.
· Ihr Gehirn sendet die Botschaft an Ihren Körper, er möge doch Adrenalin und zusätzliche Botenstoffe ausschütten.
· Ihre Leistungsbereitschaft steigt sehr schnell an.
· Sie sind nun leistungsbereit und können der Gefahr entgegentreten.
· Sobald die Gefahr vorüber ist, stoppt der Körper die Produktion von Adrenalin und Botenstoffen, Ihr Stresslevel sinkt, und Sie beruhigen sich wieder.
· Der Reiz ist weg, und Ihre rationale Seite gewinnt wieder die Oberhand.

Diesen Vorgang können Sie sich so vorstellen, dass in Ihrem Kopf kurzzeitig die Verbindung zwischen Ihrem Stamm- und Ihrem Großhirn gekappt wird und das Stammhirn die Kontrolle über Ihr Handeln gewinnt.

Im Stammhirn ist die Steuerung Ihrer Instinkte programmiert, hier findet sich die genetische Grundstruktur Ihres Verhaltens, die auch nicht mehr veränderbar ist.

Im Großhirn liegt der Speicher Ihrer Erfahrung, Ihres Wissens, Ihres erlernten Verhaltens.

Beide Gehirne sind über Synapsen miteinander verbunden. Diese Verbindung funktioniert auch sehr gut – so lange, bis Sie unter Stress geraten. Unter dem Einfluss von Stress wird die aufwendige Arbeit der Synapsen eingestellt, damit Sie schnell handeln können und nicht mehr nachdenken müssen. Sie sind dann auf Ihr Stammhirn und damit Ihre ureigensten Instinkte zurückgeworfen.

Stammhirn in control

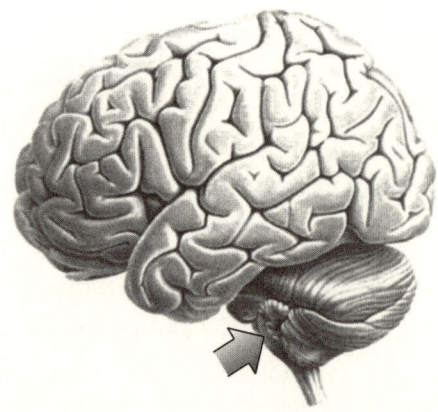

Im kleinen Stammhirn (unten) sind Ihre Instinkte und Grundverhalts-
regeln gespeichert. Hier ist aufgrund Ihrer DNA-Strukturen und Ihres
angeborenen Verhaltens einprogrammiert, wie Sie unter Stresseinfluss
reagieren werden.

Beispiel

Nehmen wir an, Sie sind ein Mensch, der alles unter Kontrolle haben muss und un-
ter Stress gerät, sobald er im Ansatz die Kontrolle verliert. Ihre Kontrollsucht ist ein
Bestandteil Ihrer Persönlichkeit, und Sie werden wohl nie ein Mensch werden, der
Dinge laufen lässt und darauf vertraut, dass Glück und der richtige Gang der Dinge
schon alles in Ordnung bringen.
Zu Beginn einer Verhandlung sagt Ihnen Ihr Gegenüber: »Ich freue mich auf die
Verhandlung mit Ihnen und bin mir sicher, dass Sie wie gewohnt alle Ergebnisse
schnell und zuverlässig umsetzen werden. Ein bisschen wundert es mich, dass Sie
meine E-Mail, die ich Ihnen gestern nach 18.00 Uhr gesendet habe, nicht mehr be-
antwortet haben. Aber egal, lassen Sie uns anfangen.«
Diese Eröffnung stellt einen Reiz dar, der per se weder positiv noch negativ ist. Der
Einstieg Ihres Verhandlungspartners ist keine an Sie gerichtete Frage und bedarf
also keiner Antwort.
Sie könnten nun die Verhandlung beginnen, ohne eine Antwort zu geben.

Wenn Ihnen aber Kontrolle wichtig ist, dann fühlen Sie sich in diesem Moment bereits angegriffen. Sie empfinden die Aussage des Gegenübers als Affront. Was fällt ihm eigentlich ein, Ihnen zu sagen, wann und wie Sie Ihre E-Mails beantworten sollen. Und überhaupt kann seine Aussage gar nicht stimmen, Sie waren auch nach 18.00 Uhr noch online, sogar bis 19.00 Uhr im Büro, und selbst danach haben Sie noch Ihren Blackberry gecheckt.

Sie merken, ein an sich neutraler Reiz wird als Gefahr bewertet. Wenn Sie selbst ein Kontrollmensch sind, dann wissen Sie genau, was ich meine. Wenn Sie kein Kontrollmensch sind, können Sie zunächst wahrscheinlich weniger gut nachvollziehen, worüber ich gerade schreibe.

Das größte Problem für Sie als auf Kontrolle bedachten Verhandelnden stellt nun dar, dass Ihr Gegenüber erkennt, dass seine saloppe Bemerkung etwas bei Ihnen auslöst. Sie re-agieren auf den von ihm ausgesandten Reiz, Sie argumentieren gegen die Unterstellung, Sie fragen nach …

Egal, was genau Sie machen, Sie re-agieren auf diesen Reiz. Sie machen nicht mehr, was Sie machen wollten. Sie machen, was Ihr Gegenüber will.

Und warum? Weil Sie eine Gefahr erkennen.

Professionelle Verhandlungsführer senden ständig neue Reize mit einer wichtigen Absicht: Ihr Wertesystem zu erforschen. Bitte denken Sie jetzt nicht an die Leute, die rumschreien oder Sie gar beleidigen. Viel gefährlicher sind Gegenüber, die immer nett und höflich auftreten und die Reize nicht sichtbar absenden. Sondern viele zwischen den Zeilen versteckte kleine Angriffe auf sie fahren. Wenn ein Angriff ins Leere läuft, Sie also nicht reagieren, starten sie eben die nächste Angriffswelle.

Sie kennen dieses Muster aus schwierigen Verhandlungen. Sie sind sicherlich schon nach schwierigen Verhandlungen nach Hause ge-

fahren und haben sich auf dem Weg gefragt, warum Sie gerade das
Ihnen Wichtigste nicht gesagt haben. Wieso Sie einen elementa-
ren Teil Ihrer Präsentation weggelassen haben. Wieso Sie Ihre gute
Vorbereitung nicht ausspielen konnten.

Und genau das ist der Punkt, auf den ich Sie aufmerksam machen
möchte. Schützen Sie sich vor diesen Angriffen, indem Sie sich
selbst verordnen, ab heute keinerlei Reaktionen mehr zu zeigen.
  Akzeptieren Sie nicht das Spiel des Gegenübers, sondern spielen Sie Ihr Spiel. Wie genau das geht, ist in der folgenden Grafik
dargestellt:

- Vorbereitungsphase
- Affektive Phase
- Kognitive Phase
- Entscheidungsphase
- Umsetzungsphase

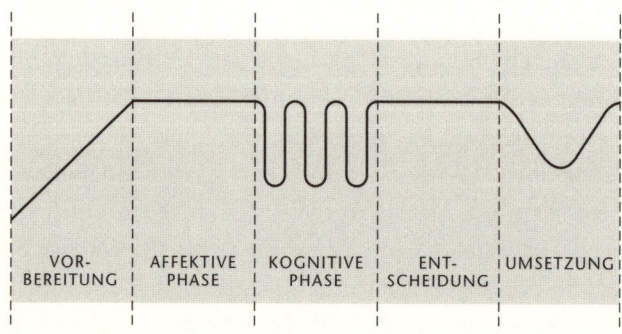

Im Laufe einer Verhandlung ändert sich der Stress-Level mehrmals.
Es gibt meist eine Art Wellenbewegung:

Die Vorbereitungsphase

Stress ist immer abhängig von der subjektiv empfundenen Gefahrenlage. Wer keine Gefahr sieht, ist auch nicht im Stress.

In der Vorbereitungsphase einer Verhandlung befindet sich der Stresslevel meist auf relativ niedrigem Niveau. Somit könnten Sie die für die Verhandlung eminent wichtigen Etappen der Zielsetzung, Strategieentwicklung und taktischen Planung in einem Zustand der Entspannung absolvieren.

Das heißt aber nicht, dass nicht auch in dieser Phase Stress auftauchen kann. So stellt es etwa ein Mittel der Verhandlungsführung dar, dass Sie bereits in diesem frühen Stadium die Gegenseite unter Druck setzen und bei ihr Stress erzeugen. Sie können sie beispielsweise mit einem geschickt lancierten Pressebericht in eine gefühlte Gefahrenlage versetzen: Wenn Sie während der Vorbereitungsphase in einem Interview eine Arbeitsplatzverlagerung nach Osteuropa erwägen, so kann dies die Gegenseite gehörig ins Schwitzen bringen und damit ihre Vorbereitung stören.

Taktische Presseberichte sind überhaupt sehr beliebt. Hier ein paar Beispiele für an die Presse weitergeleitete Störmanöver:

- Die mögliche Insolvenz eines Betriebs soll mit staatlichen Mitteln abgewendet werden.
- Ein Einkaufsvorstand trifft während einer Messe einen asiatischen Zulieferer.
- Ein Personalchef nimmt an einer Podiumsdiskussion zur Arbeitsplatzverlagerung teil.
- Ein Vertriebsleiter teilt in einem Interview mit, dass aufgrund der Rohstoffverknappung mit Lieferengpässen zu rechnen ist.

Presseberichte wie diese lassen die Gegenseite eine Gefahrenlage erkennen. Das führt zu Stress und zu emotionalen Reaktionen.

Die Frage ist, ob Sie aus diesen emotionalen Reaktionen einen Nutzen für sich ziehen können. Aus meiner Erfahrung kann ich Ihnen sagen, dass sich jeder Versuch lohnt. Denn Sie können jede, gleich welche, emotionale Reaktion der Gegenseite für sich nutzen. Wie genau, das beschreibe ich im Kapitel »Wir haben die Macht/Wir sind ohnmächtig«.

Im Umkehrschluss bedeutet diese Erkenntnis, dass Sie sich von Informationen der Gegenseite und von Presseberichten abschirmen sollten.

Führen Sie während der gesamten Vorbereitungsphase einen »Double-Check« der Informationen durch.

Versuchen Sie immer, mindestens zwei voneinander unabhängige Quellen zu finden. Nur wenn beide Quellen auf den Wahrheitsgehalt einer Information hindeuten, sollten Sie diese Information in Ihre Vorbereitung miteinbeziehen.

Ist dem nicht so, lassen Sie die Information links liegen.

Verhandlungstipp: Stress in der Vorbereitungsphase:
- Bereiten Sie Ziel, Strategie und Taktik in einer ruhigen und entspannten Atmosphäre vor.
- Erhöhen Sie den Stresslevel der Gegenseite durch geschickt lancierte Presseberichte oder Gerüchte.
- Schützen Sie sich vor Beeinflussungen während dieser Phase.
- Prüfen Sie alle Informationen mit dem Double-Check.

Die affektive Phase

Die affektive Phase ist der Beginn der Verhandlung. Die Tür geht auf, Hände werden geschüttelt, die Begrüßung steht an. In diesen ersten Minuten ist der Stresslevel bei fast allen Verhandlungsbeteiligten sehr hoch.

Man weiß nicht, was einen erwartet, und hat zudem die eigenen Schwachpunkte präsent. Man hofft auf einen sanften Einstieg und darauf, dass der Verhandlungsgegner freundlich und fair sein wird.

Unter Stresseinfluss gibt es zwei grundverschiedene Verhaltenstypen, den Angriffstyp und den Fluchttyp.

Ohne in Schwarzweiß-Malerei verfallen zu wollen, möchte ich diese einander entgegengesetzten Grundverhaltensweisen kurz erläutern:

Angriffstyp:

Der Angriffstyp sucht den Konflikt, er ist nicht in der Lage, sich zurückzunehmen, muss immer nach vorne preschen, beginnt zu reden, kann nicht mehr ruhig bleiben, muss etwas tun, verfällt in Aktionismus und geht in die Offensive.

In der **affektiven Phase** – also den ersten drei Minuten der Verhandlung – vermag er also nicht, das Setting erst einmal in Ruhe auf sich wirken zu lassen, er beginnt zu sprechen, muss etwas tun.

Fluchttyp:

Der Fluchttyp meidet den Konflikt, geht ihm aus dem Weg, weicht zurück, kann dem Konflikt nicht standhalten und geht in die Defensive.

In der **affektiven Phase** meidet er den Konflikt, stimmt schnell zu, bietet zu schnell Lösungen an, oft einen Kompromiss.

Was sind Sie: Angriffstyp oder Fluchttyp? Entscheidend für diese Einordnung ist nur, wie Sie unter Einfluss von Stress reagieren, nicht im »Daily Business«.

Gehen Sie in Konfliktsituationen in die Offensive oder verschanzen Sie sich? Oder preschen Sie erst vor, um sich dann zurückzuziehen? Oder begeben Sie sich zunächst in die Defensive, um später dann doch einen Angriff zu starten?

Egal, zu welchem Verhalten Sie neigen, unter Stresseinfluss werden Sie Fehler machen, sobald das Gegenüber den Stresslevel erhöht.

Beispiel

Sie begrüßen als Vertriebsleiter Ihr Gegenüber, und dieser droht Ihnen gleich zu Beginn mit einer sofortigen Sanktion, wenn Sie den Preis nicht um 10 % senken. Er sagt Ihnen, dass Ihr Wettbewerber schon im Nebenzimmer sitzt und nur noch auf den Zuschlag wartet.

- Drohung – Sie nehmen den Reiz wahr.
- Ihre Bewertung sagt Ihnen, dass es gefährlich wird.
- Von nun an wird Ihr Verhalten vom Stammhirn geleitet.
- Das Stammhirn sendet seine Botschaft, Adrenalin wird ausgeschüttet.
- Ihr Stresslevel steigt, und Sie haben eine hohe Leistungsfähigkeit.

So, und nun wird es wieder spannend.

Ein hoher Stresslevel führt zu einer hohen Leistungsfähigkeit. Doch die Dosis macht das Gift. Wenn der Stresslevel zu hoch wird, nimmt die Leistungsfähigkeit ab, Sie machen Fehler. Ihr weiteres Verhalten hängt von Ihrer Grundprogrammierung im Stammhirn ab. Sind Sie nun ein Fluchttyp, der dem Konflikt aus dem Weg geht, oder ein Angriffstyp, der den Konflikt sucht und geradezu genießt?

Sie stehen unter dem Einfluss von Stress, haben noch zu wenige Informationen, Ihre Analyse beginnt erst und Sie laufen bereits Gefahr, in dieser frühen Phase Fehler zu machen.

Damit dies nicht passiert, sollten Sie die affektive Phase der Verhandlung, also die ersten drei Minuten, langsam angehen.

Der Schwerpunkt liegt hier auf der Fehlervermeidung, niemand erwartet von Ihnen während der ersten Minuten eine verhandlungstechnische Höchstleistung.

In allen Verhaltensratgebern für stressige Situationen steht immer der gleiche Satz am Anfang. Ob Sie Ratgeber für Feuerwehr, Notarzt, Polizei oder andere Organisationen lesen, der erste Tipp ist immer der gleiche: Ruhe bewahren!

Das mag arg einfach klingen, die Umsetzung ist aber alles andere als leicht.

Ruhe bewahren!

Ruhe: Ruhe bedeutet nichts tun, keine Aktion, kein Aktionismus!

Bewahren: Bewahren bedeutet, die eigene Strategie beibehalten, nichts an ihr ändern, nicht re-agieren!

In der affektiven Phase sollten Sie also die Contenance bewahren.

Konkret heißt das, Sie sollten keine Fehler machen und sich nicht festlegen. Vermeiden Sie alles, was Sie festlegt.

Sagen Sie bitte nicht:

1.) Ja

Ein »Ja« legt Sie fest, Sie stimmen zu und müssen dieses »Ja« auch einhalten können. Wer weiß, welche Informationen noch kommen und welche Wendungen die Verhandlung noch nehmen kann.

Vermeiden Sie bitte auch das abgeschwächte »Ja«, Formulierungen wie: »Das müsste schon gehen« oder »Wir schaffen das sicher irgendwie«.

2.) Nein

Ein »Nein« legt Sie genauso fest, Sie lehnen ab, und das kann schon zu Beginn der Verhandlung den Abbruch bedeuten.

Vermeiden Sie bitte auch Formulierungen, die ein »Nein« implizieren, wie »Das geht nicht« oder »Das haben wir noch nie gemacht«.

Eine Verhandlung bietet immer die Möglichkeit zu verhandeln. Sie haben also Handlungsspielraum. Sagen Sie also bitte nicht, dass Sie nicht verhandeln können. Und schon gar nicht zu Beginn der Verhandlung.

3.) Aber

Auch durch ein »Aber« begeben Sie sich in die Gefahr, Forderungen und Vorschläge vorschnell abzuwehren.

Wie vorher beschrieben, hat jeder der Verhandlungspartner eine Gewissheit. Sie sind davon überzeugt, dass Ihre Sicht der Dinge die absolut richtige ist.

Nun startet Ihr Verhandlungsgegenüber mit Forderungen. Nach Ihrer Sicht der Dinge liegt er mit diesen falsch. Sie bemerken bereits, während Ihr Gegenüber noch spricht, dass sich in Ihren Gedanken eine Gegenmeinung bildet. Und endlich, Ihr Gegenüber hört auf zu reden und Sie sind dran. Nun beginnen viele Verhandlungsführer die eigenen Aussagen mit dem Wort »Aber«. Aber so geht das nicht, aber das stimmt doch nicht, aber so kommen wir doch nicht weiter.

Mit »Aber« sagen Sie »Nein«. Sie brechen die Verhandlung ab, obwohl Sie noch keine Informationen haben und noch nicht wissen, was möglich ist.

Sie zeigen der Gegenseite, dass Sie glauben, sich im Recht zu befinden und sich vollkommen sicher darüber sind, dass die Gegenseite im Unrecht ist.

Aus meiner Erfahrung darf ich Ihnen sagen, dass dies sehr, sehr gefährlich ist.

Nehmen wir an, ein Geiselnehmer fordert einen Fluchtwagen und eine Million Euro. Wenn er beides nicht bekommt, erschießt er eine Geisel.

Was wäre hier der richtige Gesprächseinstieg?

1.) Ja?

Sicher nicht, es wäre keine Verhandlung, sondern eine Niederlage.

2.) Nein?

Sicher nicht, es wäre ein Reiz, der den Stresslevel des Geiselnehmers erhöhen würde. Wir würden vielleicht sogar den Tod der Geisel provozieren.

3.) Aber?

»Aber Sie dürfen nicht schießen« wäre eine Belehrung, ein Reiz, der den Stresslevel erhöht. Und sogar ein Eingeständnis der Hilflosigkeit, ein Signal der Machtlosigkeit.

Was Sie tun sollten

Um es ein letztes Mal zu betonen: In der affektiven Phase sollten Sie Ruhe bewahren.

Sie sollten in aller Ruhe die Reize, die die Gegenseite Ihnen sendet, zur Kenntnis nehmen und nicht kommentieren oder gar akzeptieren.

Die konkrete Taktik hängt nun von Ihrer eigenen Verhandlungspersönlichkeit ab, sie muss zu Ihrem Verhandlungsstil passen.

Gut passend für fast alle Verhandlungsführer ist die Kenntnisnahme durch das Mitschreiben.

Schreiben Sie also zu Beginn der Verhandlung die Forderungen der Gegenseite mit und kommentieren und akzeptieren Sie diese nicht.

Notieren Sie einfach alles, machen Sie kein großes Aufsehen darum, fragen Sie nicht, ob das Mitschreiben erlaubt ist. Machen Sie sich Ihre Notizen.

Gut ist es, wenn Sie Zitate mitnotieren und mit Uhrzeiten versehen. Sie haben dann während der Verhandlung genug »Munition«, um die Gegenseite in Bedrängnis zu bringen.

Damit es keine Missverständnisse gibt, möchte ich hier ein mir wichtiges Prinzip hervorheben. Natürlich kann man die Gegenseite unter Druck setzen, natürlich ist es erlaubt und sinnvoll, sich nicht alles gefallen zu lassen. Natürlich werden wir am Ende der Verhandlung als Sieger vom Platz gehen.

Unsere Stunde schlägt jedoch während der Verhandlung, vor allem am Ende und nicht am Anfang.
Wir bleiben ruhig und schreiben mit.
Bitte kein Grinsen, keine abfälligen Bemerkungen, keine provozierenden Gesten.
Wir bleiben ruhig und vermeiden die Aussendung von Reizen, die das Gegenüber provozieren könnten.

Wenn es zu Ihrem Stil passt, können Sie auch mit kurzen Worten die Forderung der Gegenseite zur Kenntnis nehmen.
Sagen Sie beispielsweise:
»Schwierig« oder »Interessant« oder einfach »Aha«.

Wichtig ist, dass Sie nur ein einziges Wort sagen und nicht in die Begründung oder gar Rechtfertigung einsteigen.
Wenn Sie eine sehr präsente und polarisierende Persönlichkeit sind, dann sollten Sie selbst solche kurzen Bemerkungen besser vermeiden. Noch mal, die Dosis macht das Gift.
Wenn Sie ein guter Beobachter sind, leise reden und zurückhaltend agieren, können Sie den Vortrag des Gegenübers gerne mit »Schwierig« kommentieren.

Small Talk

Auch in der affektiven Phase können wir von anderen Kulturen lernen und profitieren. Vor allem die chinesische und die arabische Kultur üben in dieser Hinsicht eine Vorbildfunktion aus.

Andere Kulturen kennen zu Beginn der Verhandlung den Small Talk. Der deutschsprachigen Kultur ist das fremd. Wir wollen keine Zeit vergeuden und legen gleich los.

Nachdem wir gefragt haben, ob die Anreise gut war und wir einen Kaffee servieren dürfen, steigen wir schon ein in die Materie. Wir sagen, was wir wollen und was nicht. Wir sagen »Ja, das geht« und »Nein, das geht nicht«.

Angehörige anderer Kulturen vermeiden diese Art der frühen Festlegung und somit auch einen schnellen Einstieg in die Verhandlung.

Man spricht über das Wetter, Sport und wie es sonst so geht. Im Englischen heißt das »Light and Social Conversation«.

Man vermeidet schwere Themen wie Politik und Religion. Man vermeidet auch private Sujets wie Familienstand und Kinder und spricht lieber über soziale Themen, die alle betreffen.

»Aufpassen, nicht anpassen!«, lautet hier die Maxime: Sie sollten nicht arabisch oder chinesisch verhandeln und sich nicht anderen Kulturen anpassen. Aber deren Anregungen aufzunehmen schadet Ihnen nicht. Übernehmen Sie von anderen Kulturen die Besonderheiten der Verhandlungsführung, die Ihnen zum Vorteil gereichen können. Der Small Talk als sinnvolle Taktik während der affektiven Phase gehört dazu.

Auch und vor allem bei Verhandlungen im deutschsprachigen Kulturraum ist es sinnvoll, langsam einzusteigen, Ruhe zu bewahren und sich während der affektiven Phase nicht festzulegen.

Verhandlungstipps für die affektive Phase:
- Ruhe bewahren!
- Vermeiden Sie ein »Ja«, »Nein« oder »Aber«.
- Vermeiden Sie jede Festlegung.
- Schreiben Sie mit.
- Nehmen Sie Forderungen zur Kenntnis, ohne sie zu kommentieren oder zu akzeptieren.
- Betreiben Sie Small Talk.

Die kognitive Phase

Die ersten Minuten sind vorbei, die Anspannung sinkt und wir betreten die kognitive Phase.

Unter kognitiv versteht man eine rationale und vernünftige Herangehensweise, in der die Beteiligten in der Lage sind, das Problem zu identifizieren und nach einer Lösung zu suchen.

Mit der Suche nach der Lösung starten Sie am besten, indem Sie die Gemeinsamkeiten herausstellen: die gemeinsame Sichtweise und das gemeinsame Verhandlungsziel.

Gefährlich ist eine Darstellung des eigenen Zieles und der eigenen Interessen. Wer sein Verhandlungsziel darlegt, gibt zu viele wichtige Informationen preis und vor allem seine eigenen Schwachpunkte zu erkennen. Er gibt damit bereits deutlich zu verstehen, was ihm wichtig ist, und somit natürlich auch, was für ihn keinesfalls eintreten darf.

Die Darstellung des eigenen Ziels zwingt auch die Gegenseite dazu, ihr Ziel zu formulieren. Das sorgt dafür, dass gleich zu Beginn der Verhandlung zwei diametral entgegengesetzte Ziele zementiert werden. Wer sich zu früh festlegt, wird sein Gesicht verlieren.

Legen Sie sich bitte nie durch das Darstellen Ihres Verhandlungszieles fest.

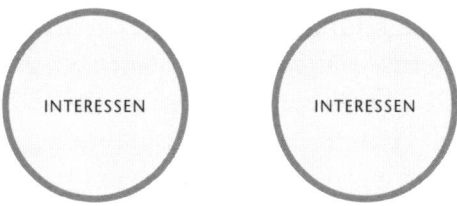

Das gemeinsame Verhandlungsziel

Auch wenn es zu Beginn einer schwierigen Verhandlung nicht so aussehen mag, es gibt immer Gemeinsamkeiten, auch zwischen zwei sich noch so sehr bekämpfenden Parteien.

Wer keine Gemeinsamkeiten wie gemeinsame Probleme oder gemeinsame Ziele hat, dem kann auch an keiner Verhandlung gelegen sein.

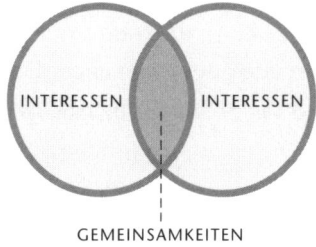

Beispiel

Die Gewerkschaft fordert einen eigenen Tarifvertrag und droht einen bundesweiten Streik an, wenn diese Forderung nicht erfüllt wird.

Die Arbeitgeberseite darf nun auf keinen Fall die eigenen Ziele kommunizieren und schon gar nicht mögliche Sanktionen ankündigen.

Eine Einleitung in die kognitive Phase könnte so aussehen:

1. Wir haben eine gemeinsame Ausgangslage. Wir sind in einer kritischen Phase für das Unternehmen, weil die wirtschaftlichen Rahmendaten unterschiedlich interpretiert werden.
2. Wir haben ein gemeinsames Ziel. Wir sind beide dafür verantwortlich, das Unternehmen profitabel und zukunftsfähig zu machen.
3. Wir haben deshalb einen gemeinsamen Weg zu unserem gemeinsamen Ziel zu definieren.

Das Ziel der heutigen Verhandlung ist deshalb, einen gemeinsamen Weg zu entwickeln, um unser Unternehmen zukunftsfähig zu machen.

Freude

Sie freuen sich auf die Verhandlung mit der Gegenseite. Vor allem, weil die Gegenseite so engagiert auftritt und ihre Forderungen mit einer großen Offenheit kommuniziert.

Sie sind bestens vorbereitet und haben die Möglichkeit, einen wichtigen Beitrag für die Entwicklung des Unternehmens zu leisten.

Dieser Freude sollten Sie Ausdruck verleihen, indem Sie betonen, wie gerne Sie an den Verhandlungstisch treten.

Auch wenn es sich für Sie vielleicht ironisch anhört, der Ausdruck von Freude ist ein wichtiges Element zu Beginn der kognitiven Phase.

Als professioneller Verhandlungsführer darf man von Ihnen erwarten, dass Sie mit einer gewissen Distanz und ohne persönliche Vorurteile gegen Ihren Verhandlungspartner die Verhandlung beginnen.

Lob

Auch hier können wir von anderen Kulturen lernen. In anderen Verhandlungskulturen beginnt man eine Verhandlung meist mit einem Lob. Man lobt den Verhandlungspartner für seinen Mut, dieses Thema anzugehen. Oder für seine persönliche Bereitschaft, über einen neuen Weg nachzudenken.

Oder für seine Vorbereitung, Pünktlichkeit, Genauigkeit, Argumentation etc.

Sie werden sicherlich einen Punkt finden, den Sie lobend erwähnen können.

Auch hier gilt natürlich die Authentizität, die kommt nur dann zur Geltung, wenn Sie es ehrlich meinen.

Positives Verstärken

Wie bereits im ersten Kapitel erwähnt, sollten Sie die Pluspunkte in der Gewissheit Ihres Gegenübers analysieren. Nun ist der Zeitpunkt gekommen, diese Pluspunkte auch anzusprechen.

Alle Worte und Redewendungen der Gegenseite, die Ihnen zum Vorteil gereichen können, sollten Sie notieren und positiv verstärkt aufgreifen.

Beispiel

Die Gegenseite eröffnet die Verhandlung wie folgt:
»Meine Damen und Herren, wir freuen uns, dass wir heute die Verhandlung fortsetzen können. Gleich zu Beginn stellen wir klar, dass ein Streik unausweichlich ist, wenn wir zu keiner Einigung kommen.«

Notieren Sie sich diese einleitenden Worte und unterteilen sie in positive und negative Botschaften:

+ Freuen   **—** Stellen wir klar
    Verhandlung   Streik
    Fortsetzen   Unausweichlich
    Einigung   Keine Einigung

Nun wäre es mehr als unklug, die negativen Botschaften aufzu-
greifen, was in der Praxis leider ständig passiert. Das hört sich
dann so an:
    »Sie wollen also nicht verhandeln, sondern stellen gleich zu Be-
ginn klar, dass ein Streik unausweichlich ist.«

Mit so einem Statement hätten Sie alle negativen Worte zementiert und bekommen Sie während der gesamten Verhandlung
nicht mehr los.

Verstärken Sie bitte die für Sie positiven Worte:
    »Mit großer Zuversicht stellen wir fest, dass Sie sich auf die Ver-
handlung mit uns freuen. Verhandeln heißt ja, Ideen einzubrin-
gen, abzuwägen und ein gemeinsames Ergebnis zu erreichen. In
diesem Sinne wollen wir die Verhandlung fortsetzen mit dem klaren Ziel einer gemeinsamen Einigung.«

Achterbahnfahrt während einer Verhandlung

Am Anfang und Ende der Verhandlung wissen wir um die erhöhte
Stressdosis und können uns gut darauf einstellen.
    Weniger gut gelingt es uns während der kognitiven Phase. Hier
zeigen wir uns häufig überrascht vom ständigen Auf und Ab. Wir
regen uns auf, beruhigen uns wieder. Haben wir uns dann endlich
beruhigt, geht die gegnerische Partei schon wieder unter die
Decke.

Diese Achterbahnfahrt der Emotionen ist positiv gesehen eine Herausforderung, die richtig Spaß machen kann, wie eine echte Achterbahnfahrt auch. Schwierig wird es wieder, wenn Ihr Stresslevel ausschließlich fremdgesteuert ist: Sie also nur auf als Gefahren erkannte Reize reagieren.

Damit Sie diese Achterbahnfahrt ganz grundsätzlich nicht als gefährlich wahrnehmen und sich, wenn es Ihnen einmal zu bunt werden sollte, auch Ruhepausen verschaffen können, möchte ich Ihnen einen einfachen Tipp geben.

Durchbrechen Sie den Kreislauf der hochgeschaukelten Emotionen und stellen Sie eine rationale Frage. Wenn Ihr Gegenüber rational antwortet, ist alles gut. Sie stellen dann die nächste rationale Frage.

Wenn Ihr Gegenüber emotional antwortet, kann es sein, dass diese Emotionalität gespielt ist und er in Wirklichkeit auch rational denkt. In diesem Fall: Stellen Sie wie oben die nächste rationale Frage.

Auch wenn Ihr Gegenüber emotional antwortet und Sie sicher sind, dass es nicht gespielt ist, stellen Sie die nächste rationale Frage. Weichen Sie in dem Fall jedoch auf einen sogenannten Nebenkriegsschauplatz aus und schneiden ein Thema an, das der Gegenseite weniger gefährlich erscheint. Also egal, wie die Reaktion während der kognitiven Phase aussieht, Sie stellen bitte immer die nächste rationale Frage.

Welche genauen taktischen Kniffe Ihnen noch dabei helfen, erfolgreich durch die kognitive Phase der Verhandlung zu kommen, sehen wir in Kapitel 6, wenn es um die konkrete Führung der Verhandlung geht.

Die Entscheidungsphase

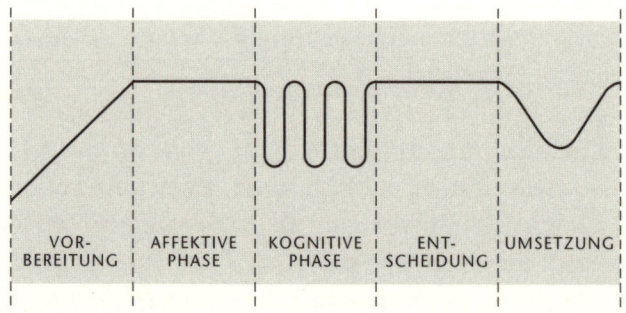

VOR-   AFFEKTIVE   KOGNITIVE   ENT-   UMSETZUNG
BEREITUNG   PHASE   PHASE   SCHEIDUNG

Wie Sie in der Grafik erkennen können, ist der Stresslevel in der
Entscheidungsphase genauso hoch wie in der affektiven Phase.
Das verwundert auch nicht, weil die subjektive Gefahr hier sehr
hoch ist. Das Scheitern und die Folgen des Scheiterns vor Augen,
neigen wir hier in unserer Gewissheit zu der Annahme, unser Verhandlungsziel sei in Gefahr.

Nähern Sie sich der Entscheidung der Verhandlung, gilt es zwei
Verhaltensmaßregeln zu berücksichtigen:

1. Sie sollten sich in der Entscheidungsphase nicht entscheiden.
2. Sie können durch eine Erhöhung der Stressdosis die Gegenseite
   zu dramatischen Fehlern zwingen.

**Sie sollten sich in der Entscheidungsphase nicht
entscheiden.**

Es gibt unzählige Bücher, Seminare und Tipps für das Treffen der
richtigen Entscheidung. Alle diese Ratgeber gehen davon aus, dass
Sie mit einem niedrigen Stresslevel in aller Ruhe überlegen können, die wichtigen Informationen richtig gefiltert vor sich liegen
haben und darauf Ihre Entscheidung aufbauen.

In einer schwierigen Verhandlung ist während der Entscheidungsphase der Stresslevel extrem hoch, Sie haben keine Zeit und sind, sehr wichtig, darüber hinaus wahrscheinlich noch im Besitz der falschen Informationen.

Sie werden unter solch großem Stress dementsprechend emotional handeln. Als **Fluchttyp** werden Sie versuchen, die Konfrontation zu vermeiden:

Sie bieten Kompromisse an, möchten intern nachfragen und versuchen, eine Vertagung zu erreichen. Wenn alle Stricke reißen, geben Sie einfach nach. Intern wird das natürlich nicht als Nachgeben kommuniziert, sondern als Kompromiss.

Als **Angriffstyp** gehen Sie in die Offensive, lassen sich nichts gefallen und verschärfen den Konflikt. Sie reden sich selbst um Kopf und Kragen, reißen die Verhandlungsführung an sich (»Gut, dass ich das noch gerettet habe«) und zerstören durch Ihre Aggressivität die Beziehung zum Verhandlungspartner.

Bedenken Sie bitte auch, dass mit zunehmender Verhandlungsdauer immer mehr Informationen auf Sie einströmen, von denen einige richtig sind (Double-Check), andere bewusst falsch, gestreut, um Sie in die Irre zu führen und unter Druck zu setzen. V-Männer werden Ihnen Informationen zutragen und Sie beeinflussen. Gerüchte und Presseberichte und daraus folgende öffentliche Meinungen tun ihr Übriges.

In schwierigen und komplexen Verhandlungen können Sie nicht immer die richtigen von den falschen Informationen unterscheiden.

Zudem wissen Sie nicht, wie viele richtige Informationen bereits in den Besitz der Gegenseite gelangt sind. Sie wissen nicht, ob und welche Informationen bereits nach außen gedrungen sind. Welche V-Männer in Ihren eigenen Reihen sitzen und die Gegenseite und/oder die Presse mit Informationen füttern.

Geben Sie sich bitte keinen Illusionen hin, auch in Ihrem Unternehmen und in Ihrer Branche gibt es V-Männer, Industriespionage und unfaire Taktiken.

Beklagen Sie nicht das Schlechte in der Welt, sondern beherzigen Sie bitte diesen Grundsatz: Entscheiden Sie sich nicht während der Entscheidungsphase.

Sondern vorher.

Entscheiden Sie sich während der Vorbereitungsphase, wenn der Stresslevel gering ist. Wie das genau geht, haben Sie in den bisherigen Kapiteln bereits erfahren.

Sie können durch eine Erhöhung der Stressdosis die Gegenseite zu dramatischen Fehlern zwingen.

Es ist sehr einfach, den Stresslevel der Gegenseite zu erhöhen. Wenn Sie während der Verhandlung auch nur ein bisschen zugehört haben, wissen Sie in der Entscheidungsphase, was Ihrem Gegenüber wichtig ist.

Wenn Sie ihm genau das verwehren oder entziehen, steigt die Stressdosis der Gegenseite.

Tun Sie einfach so, als ob Sie die für die Gegenseite so wichtige Forderung nicht erfüllen können. Und schon beginnt der Stresslevel zu steigen. Dann noch eine kleine unfaire Taktik, und Ihr Gegenüber nähert sich seiner Belastungsgrenze und macht Fehler.

Wenn Sie in diesem Moment etwa einen Kompromissvorschlag unterbreiten, der all Ihren Zielanforderungen genügt, wird Ihr Gegenüber, sofern er ein **Fluchttyp** ist, diesen nun annehmen, Ihre etwaige Forderung nach Vertagung sowieso, und er wird dann dafür plädieren, dass die oberste Führungsebene seines Unternehmens in die Verhandlung eingebunden wird, da er dem Druck nicht mehr gewachsen ist.

Zusammengefasst heißt das:

- Je höher Ihre Forderung, desto besser ist der Kompromiss für Sie.
- Sie können die zeitliche Verhandlungsschiene diktieren, Vertagungen anbieten oder ablehnen.
- Die Decision Maker der Gegenseite übernehmen den Stuhl des Negotiators und »retten« die Verhandlung so gerade eben noch. Dass dies sehr teuer wird, brauche ich Ihnen nicht zu sagen.

Der **Angriffstyp** wird sich nun um Kopf und Kragen reden, zu viele Informationen preisgeben und, wenn er selbst Commander oder Decision Maker ist, die Verhandlung noch »retten«. Wenn er austickt, wird er Beziehungen beschädigen.

Zusammengefasst heißt das:

- Je höher der Stresslevel für die Gegenseite, desto mehr Informationen bekommen Sie. Sie können einen Commander oder Decision Maker sehr leicht zum Handeln bewegen und ihn emotionalisieren und instrumentalisieren.
- Wenn Ihr Gegenüber die Beziehung beschädigt hat, können Sie ihm den Wiedereintritt in die Verhandlung und in die Beziehung erlauben – zu Ihren Konditionen natürlich.

Die Umsetzungsphase

Jetzt nehmen die Realmaker die Arbeit auf, und die Umsetzung beginnt.

Die große Herausforderung während dieser Zeit sind die vielen Überraschungen. Sie bergen unzählige Reize und deshalb auch ein hohes Maß an Stress.

Beispielsweise kommt es in der Umsetzungsphase häufig zu einer
Veränderung im Management.

Beispiel

Ein Unternehmen ist kurz vor der Insolvenz, und die beteiligten Banken bitten um
ein Gespräch mit der Geschäftsleitung. Die Bank mit dem größten Engagement, in
der Fachsprache mit dem größten Ticket, hat die Führung der Verhandlung inne.

In solchen Fällen, einer eigenständigen neuen Verhandlungssituation, verläuft die Stresskurve ähnlich wie bisher aufgezeigt. Ganz
anders jedoch steht es um den Stress während der Umsetzungsphase. Gewöhnlich sinkt der Stresslevel hier langsam wieder ab.
In der Krisenbewältigung bei Insolvenzen steigt der Stress jedoch
oft erst in der Umsetzungsphase richtig an.

Zusammenfassung der Verhandlungstipps

Für die Vorbereitungsphase

- Bereiten Sie Ziel, Strategie und Taktik in einer ruhigen und entspannten Atmosphäre vor.
- Erhöhen Sie den Stresslevel der Gegenseite durch geschickt lancierte Presseberichte oder Gerüchte.
- Schützen Sie sich vor Beeinflussungen während dieser Phase.
- Prüfen Sie alle Informationen mit dem Double-Check.

Für die affektive Phase

- Ruhe bewahren!
- Vermeiden Sie ein »Ja«, »Nein« oder »Aber«.
- Vermeiden Sie jede Festlegung.
- Schreiben Sie mit.
- Nehmen Sie Forderungen zur Kenntnis, ohne sie zu kommentieren oder zu akzeptieren.
- Betreiben Sie Small Talk.

Für die kognitive Phase

- Betonen Sie das gemeinsame Ziel.
- Zeigen Sie Ihre Freude.
- Loben Sie.
- Betonen Sie die positiven Punkte und Gemeinsamkeiten.
- Stellen Sie rationale Fragen und gehen Sie nicht auf die Emotionalität des Gegenübers ein.

Für die Entscheidungsphase

- Sie sollten sich in dieser Entscheidungsphase nicht entscheiden.
- Sie können durch eine Erhöhung der Stressdosis die Gegenseite zu dramatischen Fehlern zwingen.

Für die Umsetzungsphase

- Veränderungen im Management führen zur Verstärkung von Konflikten.
- Die Verhandlung ist erst vorbei, wenn Sie Ihr Ziel erreicht haben. Die Umsetzungsphase gehört noch zur Verhandlung und unterliegt auch allen bisher aufgezeigten Prinzipien.

IRRTUM NR. 5

Wir haben die Macht/
Wir sind vollkommen ohnmächtig

In der Einschätzung der Macht gibt es zwei schwere Fehler:

1. Das Überschätzen der eigenen Macht
2. Das Unterschätzen der eigenen Macht

Die Einschätzung der Macht ist eben immer eine Schätzung. Ihr zugrunde liegt eine Gewissheit und nicht die Wahrheit. Der Fehler besteht auch hier wieder darin, die Gewissheit zur Wahrheit werden zu lassen und sich dementsprechend zu verhalten.

Woher sollen Sie denn so genau wissen, welche der beiden verhandelnden Parteien die machtvollere ist?

Verhandlungstipp: Verzichten Sie auf die Einschätzung der Macht.

Aus unserer Erfahrung darf ich Ihnen sagen, dass Sie es nicht wissen können. Einfach deshalb, weil Ihnen niemals alle Informationen zur Verfügung stehen werden, die zur Bestimmung der Macht wichtig sind.

Konzentrieren Sie sich beim Umgang mit der Machtfrage dennoch darauf, Informationen anzusammeln. Denn mit fundiertem Wissen in den folgenden vier Bereichen sind Sie immerhin auf jede Machtprobe bestens vorbereitet:

1) Alternativen
2) Wissen
3) Zeit
4) Team

Ihre Alternativen

Es ist weniger wichtig, ob und welche Alternativen Sie haben. Viel wichtiger ist das Verhältnis Ihrer Alternativen zu den Alternativen, die die Gegenseite hat.

Bei der Definition dieses Verhältnisses ist folgende Grafik hilfreich:

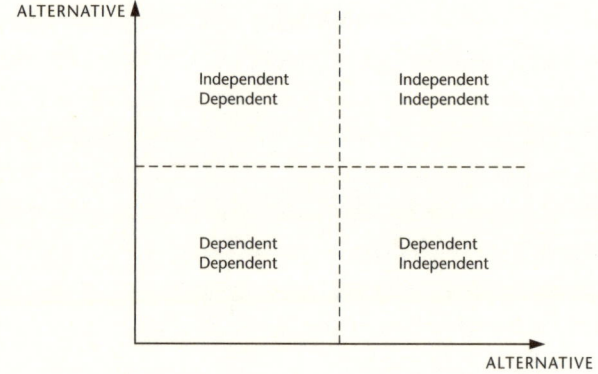

Auf der Y-Achse des Koordinatensystems ist Ihre Position angesiedelt, auf der X-Achse die Position der Gegenseite.

Wie verhalten sich nun die Alternativen der Parteien zueinander? Beginnen wir in der oberen Schaubildhälfte.

Independent – Independent

Sie haben mindestens eine gleichwertige Alternative, bestenfalls sogar mehrere. Sie können also frei wählen, ohne bei irgendeiner der Wahlmöglichkeiten kurz- oder langfristig mit Problemen rechnen zu müssen.

Ihr Gegenüber ist in der gleichen Position. Er hat einige Alternativen, ohne dass diese Alternativen mit Problemen verbunden wären.

Beispiel

Ein **Einkäufer** hat drei gleichwertige Lieferanten für ein Commodity-Produkt, also eine beliebig austauschbare Ware wie beispielsweise Zucker.
Der **Lieferant** hat ebenfalls drei Abnehmer und kann seinen Zucker an den Kunden A, B oder C liefern. Er kann, aber er muss nicht, er kann wählen.

Independent – Dependent

Sie haben mehrere Alternativen wie in Punkt 1. Ihr Gegenüber hat aber keine Alternative zu Ihnen, er ist abhängig. Sie können, müssen aber nicht. Ihr Gegenüber muss mit Ihnen abschließen, weil er keine Alternative zu Ihnen hat.

Im Extremfall ist es eine Monopolstellung, die Sie innehaben. Da ich rechtlich kein Glatteis betreten möchte, verzichte ich hier auf Branchenbeispiele.

In diesem Szenario können Sie Ihr Ziel auch ohne Verhandlung durchsetzen. Sie müssten gar nicht verhandeln, sondern könnten Ihr Ziel einfach kommunizieren und durchsetzen.

In dieser komfortablen Verhandlungsposition mögen Sie sich zwar irgendwann einmal befinden, doch für diese Fälle haben Sie sich dieses Buch bestimmt nicht gekauft.

Dependent – Dependent

Beide Seiten haben keine gleichwertige Alternative, und beide Seiten wissen das auch. Für diese Art der Verhandlung bin ich ausgebildet worden: Der Geiselnehmer weiß um seine Position und muss mit der Polizei zu einem Ergebnis kommen. Die Polizei kann sich ebenfalls keinen Geiselnehmer aussuchen, der ihr genehmer wäre, und ist somit an einer Einigung mit ihm interessiert.

Beispiel

Ein Softwareunternehmen mit einer marktbeherrschenden Stellung verhandelt mit
einem Global Player. Beide Verhandlungsparteien wissen um die gegenseitige Ab-
hängigkeit und um die eigene Stärke.

Dependent – Independent

Sie sind abhängig, Ihr Gegenüber ist unabhängig. Vielleicht haben Sie sich aufgrund dieser Konstellation dieses Buch gekauft.

Sie sehen keine Alternative, fühlen sich ausgeliefert und müssen dennoch mit der Gegenseite zu einem Ergebnis kommen. Sie
können nicht aussteigen und leben in dem Gedanken, Sie müssten sich fügen.

Beispiel

Ein Lieferant erhöht die Preise aufgrund der Rohstoffpreisentwicklung um 10 % und
droht einen sofortigen Lieferstopp an, wenn Sie die Preiserhöhung nicht akzeptieren. Ihnen steht kein gleichwertiger Ersatzlieferant zur Verfügung. Sie haben keine
Möglichkeit, kurzfristig umzusteigen.

In welcher Verhandlungsposition befinden Sie sich?

Sie können dies nicht genau wissen, ich kann es nicht wissen und
Ihr Gegenüber ebenfalls nicht. Machen Sie sich bitte bewusst, dass
jede Einschätzung eine Gewissheit darstellt und damit subjektiv
ist und keiner objektiven Wahrheit entspricht.

Sie haben nur eine einzige Möglichkeit, Ihre Position zu bestimmen: Sie müssen testen, wie weit die Gegenseite gehen wird.
Sie müssen herausfinden, welche Alternativen Sie selbst haben
und natürlich welche Alternativen die Gegenseite hat.

Für die Suche nach Alternativen wird häufig das BATNA, »Best Alternative To a Negotiated Agreement«, ins Feld geführt, das auch Bestandteil des Harvard-Konzeptes ist.

Ein BATNA ist also das Ergebnis, das Sie auch ohne die Verhandlung erreichen könnten.

Als Beispiele werden gerne Gehaltsverhandlungen genannt: Sie möchten mehr Geld von Ihrem Chef und starten die Verhandlung.

Sie legen in der Vorbereitung Ihr BATNA fest, das könnte nach Harvard im schlechtesten Fall Arbeitslosigkeit oder auch das Verbleiben im Unternehmen ohne Gehaltserhöhung sein.

Harvard empfiehlt den Aufbau einer »Outside Alternative«, also sich bei anderen Unternehmen zu bewerben, den Markt zu sichten und somit in der Gehaltsverhandlung eine bessere Position zu erlangen. Zum einen weil Sie bestenfalls Alternativen zu Ihrem Job finden werden, und natürlich auch, weil Sie nun über mehr Informationen verfügen. Eventuell sogar über mehr Informationen als Ihr Verhandlungspartner.

Sollte die Verhandlung mit dem Chef zu keinem Ergebnis führen, so können Sie eine andere, eventuell externe, Alternative wählen. Sollten Sie keine haben, dann gehen Sie in die Arbeitslosigkeit oder warten in der jetzigen Position auf bessere Zeiten.

Diese Herangehensweise, sich die bestmögliche Alternative zur Verhandlung bewusst zu machen, ist natürlich sinnvoll und auch für jede andere Verhandlung zu empfehlen. Der Sinn besteht darin, mit einer gewissen Distanz und gefühlter Unabhängigkeit in die Verhandlung einzusteigen.

Meine Sichtweise ist in diesem Fall jedoch eine ganz andere. Ich arbeitete lange in einer Welt, in der es keine Alternativen gab. Der Geiselnehmer hatte eine Pistole auf die Geisel gerichtet und eine Drohung ausgesprochen: »Wenn Sie das Lösegeld nicht in 30 Minuten übergeben, dann erschieße ich die Geisel!«

Bei aller Vorbereitung und BATNA-Analyse, hier gab es keine Alternative und auch keine Aussicht auf eine Alternative. Der Geiselnehmer hatte auch kein BATNA zur Verfügung, und eine Analyse seines BATNA hätte auch niemandem einen Nutzen erbracht.

Was ich damit zum Ausdruck bringen möchte, ist, dass es sinnvoll ist, eine gewisse Alternativlosigkeit zu akzeptieren. Bei einer Gehaltsverhandlung haben Sie immer mehrere Alternativen, gute und schlechte.

Bei Geiselverhandlungen haben Sie keine Alternative, bei Verhandlungen mit dem insolventen »Single Source«-Lieferanten verfügen Sie ebenfalls über keine Alternative, bei Verhandlungen um das Sorgerecht Ihrer Kinder ebenso wenig ...

Es gibt Verhandlungen, während deren Verlauf Sie sich zwischen Pest und Cholera entscheiden müssen. Zwischen Desaster und Katastrophe. Es gibt Verhandlungen, die wirklich keine Alternative bieten.

Und jetzt kommt die positive Nachricht: Wenn Sie wissen, dass Sie bloß zwischen Desaster und Katastrophe wählen können, dann gehen Sie energischer, konsequenter und besser vorbereitet in die Verhandlung.

Dem aufmerksamen Leser ist aufgefallen, dass ich von Alternativlosigkeit und nicht von Aussichtslosigkeit gesprochen habe. Eine Aussicht gibt es immer, Alternativen gibt es nicht immer.

Was können Sie aus diesen Zeilen für sich lernen?

Beschäftigen Sie sich bitte nicht mit der Frage, ob Sie sich in einer machtvollen Position befinden oder nicht. Bei allem Nachdenken und Analysieren muss ich Ihnen leider mitteilen, dass Sie dabei nie zu einem wahrheitsgetreuen Ergebnis kommen werden.

Gehen Sie bitte in jede Verhandlung mit der Annahme, dass Sie nichts über die Machtverhältnisse wissen.

So wenig Sie die Alternativen der Gegenseite kennen, so wenig weiß die Gegenseite über Ihre Alternativen. Tun Sie einfach so, als befänden Sie sich mit der Gegenseite auf Augenhöhe.

Wenn Sie nicht auf Augenhöhe auf die Gegenseite zugehen, können Ihnen die eingangs erwähnten Fehler passieren:

1. Das Überschätzen der eigenen Macht
2. Das Unterschätzen der eigenen Macht

Wissen ist Macht

»Wissen ist Macht« ist wohl der bekannteste Spruch in diesem Zusammenhang. Sie brauchen also Wissen, um mächtig zu sein.

Auch hier ist die Macht kein alleinstehendes Element, sondern im Verhältnis zur Gegenseite zu sehen.

Sie brauchen mehr Wissen als die Gegenseite und sollten bitte

1. ständig nach neuen Informationen suchen und
2. aufpassen, dass keine Informationen an die Gegenseite gelangen.

1. Ständig nach neuen Informationen suchen

In den vorangegangenen Kapiteln habe ich bereits die Informationssuche beleuchtet. Eine genaue Analyse der Gegenseite unter Einbeziehung aller legalen Möglichkeiten sollte selbstverständlich sein.

Während der Verhandlung können Sie mit einer geschickten Verhandlungsführung wie beispielsweise einer Widerspruchsfrage sehr gut an bisher nicht verfügbare Informationen gelangen.

Es gibt noch eine weitere wichtige Möglichkeit, um legal an wichtige Informationen zu kommen: den V-Mann.

V-Mann

Während meines sechsjährigen Einsatzes als Undercover-Agent bei der Drogenfahndung haben wir oft mit sogenannten Verbindungsmännern gearbeitet.

Ein V-Mann ist ein Mitglied der Gegenseite, kein Polizeibeamter und auch kein gekaufter Spitzel.

Ein V-Mann dient als Informationsbrücke zwischen der Polizei und der Drogenszene. Über eine Brücke kann man in beide Richtungen gehen, es werden Informationen von der Drogenszene zur Polizei übermittelt und auch umgekehrt.

Sie können sich das so vorstellen, dass die Mitglieder der Drogenszene an langfristigen Kontakten zur Polizei interessiert waren und die Polizei natürlich auch an Beziehungen zur Szene. Polizeiarbeit ist immer ein langfristiges Business, weil Sie als Polizist ständig mit den gleichen Leuten und den dazugehörigen »Communitys« zu tun haben, um einen politisch korrekten Begriff zu benutzen.

Als Drogenfahnder betreiben Sie eine Art »Customer Relationship Management« mit der Gegenseite. Sie wissen nach ein paar Jahren, wer in der Szene welche Position innehat und welche Entscheidungen treffen kann.

An diese Decision Maker und Commander machen Sie sich dann ran, Sie brauchen gute Kontakte und gute Informationen.

Aus meiner Erfahrung werden auch Sie eine Art »CRM« mit der Gegenseite unterhalten, Sie haben sicherlich auch Leute auf der Gegenseite, die Sie um eine Information bitten können.

Leider gehen die meisten Verhandlungsführer hier eher nach Sympathie und weniger gemäß Strategie und Taktik vor. Mit sympathischen Menschen fällt es so viel leichter, und Sie leben in dem

Glauben, dass die persönliche Beziehung etwas sehr, sehr wichtiges im Verhandlungsprozess ist.

Ja, auf Sympathie fußender Kontakt ist wichtig und sollte auch weiterhin ein Bestandteil Ihrer Verhandlungsführung sein.
Wenn es stressig wird, dann wird die persönliche Beziehung leider nicht das halten, was Sie sich von ihr versprechen, und am Ende des Tages werden Sie in einer ausweglosen Verhandlungssituation, einer Sackgasse, wohl ohne jede Beziehung zur Gegenseite dastehen.
Dass schließlich »das Hemd doch näher ist als der Rock«, ist eine schmerzhafte Erfahrung, die in schwierigen Verhandlungssituationen oft gemacht wird.

Bauen Sie deshalb neben den guten und partnerschaftlichen Beziehungen zu Mitarbeitern der Gegenseite noch eine zu einem V-Mann auf: Tun Sie dies unter Berücksichtigung von strategischen Gesichtspunkten.

Diese strategischen Punkte sind:

1. Ihr V-Mann sollte glaubwürdig und ethisch sehr stark an den Grundsätzen der Legalität orientiert sein.
2. Er sollte in den Entscheidungsprozess der Gegenseite eingebunden und in Teilbereichen selbst entscheidungsberechtigt sein. Wenn er das nicht ist, bekommen Sie Gerüchte und keine Informationen.
3. Er sollte intern karriereorientiert sein und Ihre Unterstützung für sein Weiterkommen nutzen können.
4. Er muss für die eigene Sache kämpfen und von den Projekten auch selbst überzeugt sein. Er kämpft also für sich und nicht für Sie.
5. Sympathie ist nicht wichtig, sie könnte eventuell sogar hinderlich sein.

Warum sollte der V-Mann Sie unterstützen?

Er kämpft für seine Sache, für sein Projekt und für seine Karriere. Machen Sie sich bitte nichts vor, er ist nicht an einer Freundschaft mit Ihnen interessiert. Hier geht es um wichtige Informationen von großer Tragweite, da kooperiert keiner aus Sympathie mit Ihnen.

Er gibt Ihnen Informationen, weil er selbst Informationen braucht.

Das ist also das Motiv des V-Manns, mit Ihnen zu arbeiten. Gedanken an weitere Motive schließen sich aus. Bitte einen V-Mann nie bestechen, nie mit Geld überreden, nie bestimmte Zuwendungen in Aussicht stellen, nie illegal werden …

Wir verhandeln hart und konsequent, aber nie illegal und unfair.

Wie bereits erwähnt: Es geht um langfristige Unterstützung. Sie sind deshalb gut beraten, wenn Sie den Kontakt zu einem V-Mann intensivieren, lange bevor Sie in einer Verhandlungssituation auf seine Informationen angewiesen sind. Genauso wichtig ist, nach Abschluss der Verhandlung mit ihm in Kontakt zu bleiben. Es geht um langfristige Geschäfte, nicht um kurzfristige Erfolge.

2. Aufpassen, dass keine Informationen an die Gegenseite gelangen

V-Männer innerhalb Ihres eigenen Unternehmens können Ihnen ebenfalls gefährlich werden. Vor allem, weil sie ohne Unrechtsbewusstsein arbeiten. Sie haben zum einen ihr eigenes Fortkommen im Blick und gehen ansonsten häufig mit einer gewissen Naivität und ohne strategisches Wissen in Verhandlungen. Ja, häufig leben sie gar in dem Glauben, der Gegenseite helfen zu müssen.

Daher ist es von immenser Bedeutung, den Informationsfluss zur Gegenseite zu kontrollieren.

Hier reicht es völlig aus, wenn Sie diesen halbwegs unter Kontrolle haben. Ihn gänzlich zu stoppen wäre schön, ist aber leider nahezu unmöglich.

Versuchen Sie bitte, V-Männer in Ihrem Unternehmen zu identifizieren und daraufhin nicht mehr mit den richtigen Informationen zu versorgen. Enthalten Sie diesen internen V-Männern wichtige Informationen vor und beschränken Sie sich bei der Informationsweitergabe auf wenige Menschen, denen Sie auch vertrauen können, wenn sie unter Stresseinfluss stehen.

Bei der Einbindung eines V-Mannes müssen Sie natürlich alle rechtlichen Voraussetzungen erfüllen. Beachten Sie bitte

- strafrechtliche
- zivilrechtliche und
- arbeitsrechtliche Bedingungen.

Strafrechtlich und zivilrechtlich ist die Einbindung eines V-Mannes meist unkritisch. Im Strafrecht könnten Paragraphen aus dem Bereich der Industriespionage zutreffen. Diese sind jedoch auf das Wissen und Wollen des Akteurs ausgerichtet, gehen also von einem absichtsvollen Vorgehen aus. Ein V-Mann handelt aber nicht »in der Absicht«, seinem eigenen Unternehmen zu schaden.

Im Arbeitsrecht gibt es dagegen viele Ansatzpunkte, die Zusammenarbeit mit einem V-Mann zu sanktionieren. Fast jeder Manager hat zu Beginn des Arbeitsverhältnisses eine Geheimhaltungsvereinbarung unterzeichnet. Aufgrund dieser Vereinbarung ist es meist möglich, in einem Fall der Zuwiderhandlung rechtliche Schritte einzuleiten.

Aber auch hier gilt, dass der V-Mann nicht bewusst Informationen an die Gegenseite übermittelt. Er arbeitet an seinem Projekt und sieht den Informationsaustausch als notwendiges Mittel.

Der Umgang mit Zeit

Wenn es zeitlich eng wird, stehen Sie unter Druck. Ihr Gegenüber hat etwa eine unrealistische und für Sie nicht erfüllbare Forderung gestellt. Zudem hat er seine Forderung an eine Sanktion gekoppelt und das Eintreten der Sanktion mit einem Zeitrahmen verbunden. Sie sind verhandlungsstrategisch in der Defensive.

Damit Sie nicht unter solchen Zeitdruck kommen, sollten Sie rechtzeitig selbst eine unrealistische Forderung stellen, sofortige Sanktionen ankündigen und das Ganze vor allem auch noch mit einem eng gestrickten Zeitrahmen versehen.

Lassen Sie uns mit dem Zeitrahmen beginnen. Das Einbringen von Forderungen und das Ankündigen von Sanktionen betrachten wir im nächsten Kapitel.

Sie sollten von Beginn der Vorbereitung an bis zum letztmöglichen Datum des Abschlusses der Verhandlung eine Linie ziehen und dann einen »RON« erstellen.

Ein »RON« ist ein »Rhythm of Negotiation« und legt fest, wann wo was passieren soll.

Ein Rhythmus gibt laut Definition die Abfolge von Akzenten vor und damit den Rahmen für die darauf aufbauende Musik. In der Verhandlung sollten Sie sich den Rhythmus genauso zunutze machen.

Ihre Verhandlung bedarf einer geplanten Abfolge von Akzenten, die den Rahmen für die Taktik abgibt.

Nehmen wir an, Sie beginnen heute mit der Verhandlungsplanung, und das »Closing«, der Abschluss, wird genau heute in einem Jahr sein.

Ziehen Sie nun einen Strich vom heutigen Datum bis zum Closing und unterteilen Sie diesen Zeitraum in folgende Abschnitte.

- 12 Monate bis Closing
- 9 Monate bis Closing
- 6 Monate bis Closing
- 3 Monate bis Closing
- 1 Monat bis Closing
- Sackgasse

Sie sehen, dass die Sackgasse, die auswegslose Situation, ein geplantes Element des »RON« ist und wir definitiv in eine Sackgasse steuern werden. Wir steuern selbst in sie hinein und werden nicht gesteuert.

Lassen Sie uns die Detailplanung näher betrachten:

12 Monate bis Closing

Es ist scheinbar noch viel Zeit, und viele Verhandlungsführer verspüren noch keinen Drang, bereits die Verhandlung zu planen. Doch gerade jetzt entscheidet sich Sieg oder Niederlage, gerade jetzt sind Sie noch in der Position, Ihrem Team und der Gegenseite klarzumachen, wer die Verhandlung führen wird.

1. Sie sollten in dieser Phase bestimmen:

- Decision Maker, Commander und Negotiator in Ihrem Team
- Experten, die dieses Verhandlungsteam unterstützen werden
- Wer bekommt in Ihrem Unternehmen ab jetzt Informationen – und wer nicht?
- Welche Forderungen – rot, gelb, grün – können, sollten oder müssen Sie bereits jetzt stellen?
- Welche Informationen sind in dieser Phase einzuholen?

2. Sie sollten in dieser Phase analysieren:

- Decision Maker, Commander und Negotiator der Gegenseite
- Experten der Gegenseite
- Wer könnte Ihr V-Mann in dieser Verhandlung sein?

3. »Early involvment«

Gehen Sie bereits in dieser frühen Phase auf die einzelnen Business Units der Gegenseite zu: nach dem Grundsatz des Early Involvment.

Schreiben Sie beispielsweise der Einkaufsabteilung des Verhandlungsgegners, dass Sie gern bereits jetzt ein erstes Informationsmeeting einberufen würden. Zeigen Sie auf, warum diese frühe Einbindung für beide Seiten notwendig ist und das Early Involvment für beide Seiten Vorteile bringt. Seien Sie pro-aktiv und achten Sie darauf, dass Sie immer den ersten Schritt tun.

Wer den zweiten Schritt setzt, der re-agiert und ist in der Defensive.

Das konkrete Ziel, das Sie im ersten Informationsmeeting zwölf Monate vor dem Closing verfolgen, kann natürlich auch eine »grüne« Forderung, ein Dummy, sein. Egal, ob rot, gelb oder grün, wer fordert, führt die Verhandlung.

4. Analyse der Gegenseite

Starten Sie bereits in dieser Phase die Analyse, die in den vorherigen Kapiteln vorgestellt wurde. Fragen Sie, verwickeln Sie in Widersprüche, finden Sie heraus, was der Gegenseite wirklich wichtig ist.

Fragen Sie sie, wie weit sie in der Vorbereitung bereits vorangeschritten ist. Fragen Sie, ob die Gegenseite eventuell Ihre Unterstützung gebrauchen könnte. Fragen Sie, welche Informationen sie zu diesem Zeitpunkt über Sie und Ihr Unternehmen hat.

5. Analyse der internen Informationen mit dem 360°-Blick

Was häufig vollkommen unterschätzt wird, ist die Wichtigkeit des internen Wissens. Mitarbeiter Ihres Unternehmens, aus den verschiedensten Abteilungen, wissen sicherlich sehr viel über das gegnerische Unternehmen, über die Manager der gegnerischen Seite, über eine taktisch kluge Vorgehensweise.

Es ist mir daher unverständlich, warum bei Vorbereitungen zu Verhandlungen das interne Wissen selten angezapft wird.

Beispiel

Nehmen wir an, Sie sind Vertriebsleiter und planen einen großen Deal.
Natürlich werden Sie die Kundenseite intensiv analysieren und Ansatzpunkte für den Kundennutzen finden.
Genauso wichtig ist auch die interne Analyse, fragen Sie bitte bei Ihren Ansprechpartnern im eigenen Unternehmen:

Einkauf

Wie würde ein Einkäufer in diesem Fall vorgehen, wo würde er zustimmen, wo würde er attackieren?

In welchen Abteilungen würde ein Einkäufer einen V-Mann installieren?

Welche Forderungen würde ein Einkäufer stellen?

Rechtsabteilung

Wo sehen Ihre Juristen mögliche Vor- oder Nachteile dieses Deals?

Welche rechtlichen Vorteile sind vielleicht noch nicht gesehen worden?

Welche rechtlichen Probleme könnte ein Kunde bekommen, wenn der Deal scheitert oder zu spät unterzeichnet wird?

Gesunder Menschenverstand

Planen Sie bitte ein Meeting mit Menschen, die nicht unbedingt Experten für diesen Deal sind. Gut geeignet sind unaufgeregte Personen, die mit gesundem Menschenverstand an die Sache gehen.

Das können auch ehemalige Mitarbeiter des Unternehmens sein. Gerade diese Distanz kann zu wichtigen Erkenntnissen führen.

9 Monate bis Closing

In dieser Phase sollten Sie mit regelmäßigen Meetings beginnen. An ihnen nehmen teil: Decision Maker, Commander, Negotiator und Experten.

Der Schwerpunkt dieser Meetings liegt immer darauf, die neuesten Informationen abzugleichen und zu analysieren, welche Informationen noch einzuholen sind.

6 Monate bis Closing

In dieser Phase ist es angeraten, gemeinsam mit der Gegenseite einen Zeitplan für die nächsten sechs Monate zu erstellen.

- Benutzen Sie einen Kalender und markieren Sie den heutigen Tag und den Tag des Closings.
- Markieren Sie alle Wochenenden, alle Feiertage sowie die Urlaubstage der an der Verhandlung maßgeblich beteiligten Personen.
- Mit den noch verbliebenen Tagen planen Sie die weiteren Schritte.
- Markieren Sie im Kalender, welche Zwischenschritte wann genau erreicht sein müssen.
- Fassen Sie diesen Zeitplan auf einer einzigen PowerPoint-Slide oder in einem Dokument zusammen und senden Sie es unver-

züglich nach der Besprechung an die Gegenseite. Natürlich mit der Bemerkung, dass dieser Zeitrahmen von nun an der gemeinsame Zeitplan sein wird.

3 Monate bis Closing

Kommunizieren Sie ab dieser Phase alle Ihre Mitteilungen nur noch in der Wir-Form. Es gibt in Ihrer Sprache keine gegensätzlichen Interessen und Interpretationen mehr. Sie tun so, als ob alles für alle Beteiligten nach Plan laufen würde.

Sollten Sie oder die Gegenseite den Zeitrahmen nicht einhalten, dann kommunizieren Sie, dass »wir« aus dem gemeinsamen Zeitplan enteilen.

Dann ist dies kein Vorwurf mehr, sondern ein Hinweis auf das gemeinsam erstellte Zeitmanagement.

Wenn möglich, sollten Sie in dieser Phase eine Absichtserklärung wie »LoI – Letter of Intent« oder »MoU – Memorandum of Unterstanding« unterzeichnen.

Diese Absichtserklärungen sind rechtlich unverbindlich, sie erhöhen jedoch die moralische und psychologische Bedeutung der bereits getroffenen Vereinbarung. Wer einen LoI oder MoU unterzeichnet, fühlt sich meist stärker an das Vereinbarte gebunden.

Ein LoI oder MoU sollte folgende Punkte enthalten:

- Bezeichnung der Vertragspartner
- Interessensbekunden an der Durchführung des Vertrages
- Zusammenfassung aller Verhandlungsergebnisse
- Zusammenfassung aller noch zu klärenden Forderungen
- Eventuell eine Konkretisierung des Transaktionsvorhabens

- Bei Übernahmen: Zeitplan der Due-Diligence-Prüfungen, der Bewertung des Unternehmens
- Vollmachterteilungen
- Befristungen, Bedingungen, Vorbehalte
- Geheimhaltungsverpflichtungen und Konventionalstrafen
- Herausgabe- und Vernichtungsanspruch von erhaltenen Dokumenten
- Beendigungsgründe für die laufenden Verhandlungen
- Exklusivitätsklausel

1 Monat bis Closing

In dieser Phase ist es wichtig, dass alle Verhandlungsparteien den Wert und den Nutzen einer Einigung verstanden haben und diesen auch so kommunizieren. Strittige Punke wie etwa der Preis oder Zahlungsbedingungen sollten in dieser Phase noch nicht geklärt werden, dafür gibt es die letzte Phase, die Phase der Sackgasse.

Sackgasse

Die Sackgasse mit all ihren Vor- und Nachteilen wird in Kapitel 7 ausführlicher behandelt. Wichtig ist, dass die Sackgasse ein Element des »RON« ist und Sie sich nicht von einer Sackgasse überraschen lassen sollten.

Zeitbegrenzung während der Verhandlung

Wie bereits in den vorherigen Kapiteln beschrieben, ist es von immenser Bedeutung, eine Agenda mit einer Zeitangabe zu präsentieren.

Sie geben also während des gesamten Verhandlungsprozesses den Zeitrahmen vor, bereits in der Vorbereitung und auch während der Verhandlung.

Und Sie akzeptieren nie den Zeitplan der Gegenseite, weder in der Vorbereitungsphase noch in der Verhandlung.

Team auf Kurs

Die Aufstellung und Zusammensetzung des Teams haben wir in den vorherigen Kapiteln kennengelernt.

Wer ein professionelles Team an seiner Seite hat, wird in allen Phasen der Verhandlung in einer relativ machtvollen Position sein. Wer das eigene Team nicht im Griff hat, wird ohnmächtig und muss dabei zusehen, wie ihm die Verhandlung entgleitet.

Die konstruktive Zusammenarbeit des Teams ist vor allem während einer Sackgasse wichtig. Daher können Sie Detaillierteres zum Teambuilding und Teamverhalten in Kapitel 7 zur Sackgasse nachlesen.

Machteinschätzung und Stress

Vor der Zusammenfassung dieses Kapitel möchte ich noch auf eine Besonderheit, die unter Stresseinfluss auftritt, hinweisen.

Wenn die eigene Machposition tatsächlich überschätzt wird, dann hat das meist in einem Verdrängungsprozess während einer Stressphase seine Ursache.

Beispiel

Ein Unternehmer steuert sein Unternehmen auf eine Insolvenz zu. Die beteiligten Banken bitten den Unternehmer zu einem Gespräch. Die Bank muss dem Unternehmer sagen, dass er kein »Fresh Money« mehr zugebilligt bekommt, wenn er die notwendigen Sicherheiten und Bürgschaften nicht bieten kann.

Die Bank teilt ihm gleich zu Beginn der Verhandlung mit, dass es aus ihrer Sicht keine Alternative dazu gibt, dass der Geldhahn zugedreht wird und das Unternehmen Insolvenz anmelden muss.

Eigentlich müsste der Unternehmer nun vollkonzentriert den Worten der Bank lauschen, um die wenigen Möglichkeiten, die ihm in der Verhandlung noch verbleiben, ausloten zu können.

In der Praxis passiert leider meist das Gegenteil. Der Unternehmer wird wütend (Angriffstyp) oder verlässt die Verhandlung (Fluchttyp) und verwandelt nun die eigentliche Verhandlung in eine Machtdemonstration.

»Die Banken sind doch schuld, die können das mit mir nicht machen« oder »Rechtlich bin ich auf der sicheren Seite« oder auch »Ich habe so gute politische Kontakte, mir kann nichts passieren« sind dann Aussagen, die sehr regelmäßig zu hören sind. Gefährlich daran sind der fehlende Realitätsbezug und das falsche Einschätzen der nächsten Schritte der Bank.

Wenn Menschen einer plötzlichen und hohen Stressdosis ausgesetzt sind, dann schaltet ihre Wahrnehmung eine Art »Filter« vor die Verarbeitung der Information.

In meiner polizeilichen Arbeit habe ich das oft bei der Überbringung von Todesnachrichten erlebt. Nachdem die Nachricht ausgesprochen war, gab es fast immer eine realitätsferne Reaktion. Beispielsweise entgegnete eine Mutter, damit konfrontiert, dass ihre Tochter bei einem Autounfall ums Leben gekommen war, dass sie sogleich ins Zimmer des Kindes gehen und es wecken werde.

So eine Verdrängung ist in der ersten Stressphase sehr notwendig, wir sind schlichtweg nicht in der Lage, so eine dramatische Nachricht zu verarbeiten.

Diesen »Filter« nennt man Verdrängung, und diese sorgt dafür, dass die dramatische Nachricht nicht unmittelbar verstanden werden kann.

Zurück zu unserem Unternehmer: Die Bank teilt ihm mit, dass seine Firma kein Geld mehr bekommt, was den Konkurs seines Betriebs bedeutet.

Für einen Unternehmer natürlich eine dramatische Lage, sein Lebenswerk ist in Gefahr, seine Existenz ruiniert. Zudem kommt der soziale Druck: Ein »Pleitier« kann ja nirgends mehr hingehen, er wird aus der Gesellschaft ausgeschlossen.

Die Nachricht einer drohenden Insolvenz führt oft zu einer Verdrängung, der Unternehmer kann die Nachricht nicht verarbeiten und versteht sie dementsprechend tatsächlich nicht. Er verdrängt die Realität und reagiert mit Sätzen wie »Ja, wir kriegen das noch hin« oder »Ihre Analyse beruht auf falschen Zahlen«.

Er sieht seine schlechte Machtposition nicht und verhält sich noch wie bei einer Verhandlung, in der beide Parteien gleichartig voneinander abhängig sind.

Sollte nun Ihr Gegenüber in einer Verhandlung seine Macht überschätzen, so könnte auch eine Verdrängung die Ursache dafür sein.

Sie können Ihr Gegenüber dann natürlich nicht mit Vernunft und rationalen Argumenten überzeugen. Sie sollten Ihre Botschaft, wie beispielsweise die Kündigung des Kredites, sehr klar und deutlich anbringen und schriftlich bestätigen.

Die schriftliche Bestätigung und ihre Übergabe an die Gegenseite schützen Sie vor rechtlichen Nachteilen und stellen die einzigen Möglichkeiten dar, Ihr Gegenüber dazu zu bringen, den Ernst der Lage zu erkennen. Nicht unmittelbar, aber vielleicht mit der Zeit.

Zusammenfassung der Verhandlungstipps

- Sie können nicht wissen, in welcher Verhandlungsposition Sie sind.
- Sie müssen die Gegenseite testen, wie weit sie gehen wird.
- Gehen Sie bitte in jede Verhandlung mit der Annahme, dass Sie nichts über die Machtverhältnisse wissen.
- So wenig wie Sie über die Alternativen der Gegenseite wissen, so wenig weiß die Gegenseite über Ihre Alternativen. Tun Sie einfach so, als wären Sie mit der Gegenseite auf Augenhöhe.
- Wenn Sie nicht auf Augenhöhe auf die Gegenseite zugehen, können Ihnen folgende Fehler passieren:
  1. Das Überschätzen der eigenen Macht
  2. Das Unterschätzen der eigenen Macht
- Sie brauchen mehr Wissen als die Gegenseite und sollten bitte
  1. ständig nach neuen Informationen suchen und
  2. aufpassen, dass keine Informationen an die Gegenseite gelangen.
- Sie geben während des gesamten Verhandlungsprozesses immer den Zeitrahmen vor, in der Vorbereitungsphase und während der Verhandlung.
- Und Sie akzeptieren nie den Zeitplan der Gegenseite, weder in der Phase der Vorbereitung noch in der Verhandlung.
- Legen Sie einen »RON«, einen »Rhythm of Negotiation« fest und damit, wann wo was passieren soll.

IRRTUM NR. 6

Verhandeln ist eine Sache der Intuition

In Verhandlungen kommt es auf Taktik an

In Verhandlungen kommt es mehr auf Ihre Taktik als auf Ihre Intuition an. Im Folgenden zeige ich die wichtigsten taktischen Schritte einer erfolgreich geführten Verhandlung auf.

Stellen Sie sich bitte vor, Sie sind Einsatzleiter der Polizei und Sie bekommen die Mitteilung von einem bewaffneten Banküberfall.
Was wäre wohl Ihre erste Anweisung?
Sie würden als Erstes den Tatort absichern lassen, die Straßen absperren und somit den Fluchtweg des Bankräubers abschneiden.

Erst nach dem Abschneiden des Fluchtweges würden Sie die Spezialeinsatzkräfte wie das SEK – Sondereinsatzkommando – oder auch das Verhandlungskommando an den Tatort beordern.

Sie stimmen sicherlich zu, dass es unverantwortlich wäre, wenn der Täter zu viel Freiraum hätte und nach Belieben handeln könnte.

Ihre Verhandlungen sollten Sie ähnlich angehen. Indem Sie den Bewegungsspielraum Ihres Gegenübers beschränken und vor allem seinen Fluchtweg absichern. Sie sollten die Verhandlung konsequent und zielorientiert führen und jederzeit die Zügel in der Hand halten.

Wie das geht und mit welchen taktischen Mitteln Sie Ihr Gegenüber zügeln können, möchte ich Ihnen in diesem Kapitel zeigen.

In der Polizeisprache verwendet man für das Führen den Begriff »Stabilisieren« des Verhandlungsgegners. Sie müssen also darauf abzielen, die Handlungen des Gegners zu stabilisieren, ihn jederzeit »stabil«, unter Kontrolle zu halten.

Das ist nicht leicht und bedarf einiger wichtiger Regeln der Verhandlungsführung.

Die 25 wichtigsten Taktikregeln

In den vorherigen Kapiteln haben wir uns bereits intensiv mit dem Einstieg in die Verhandlung beschäftigt. Die ersten drei Minuten in der sogenannten affektiven Phase sind überstanden. Nun beginnt das Stabilisieren der Gegenseite.

Dieses Stabilisieren orientiert sich an einem für mich sehr wichtigen Verhandlungsgrundsatz: »Agieren und nicht Reagieren!«

Wir agieren und geben während der nun ablaufenden kognitiven Phase die Richtung und die Zeit vor.

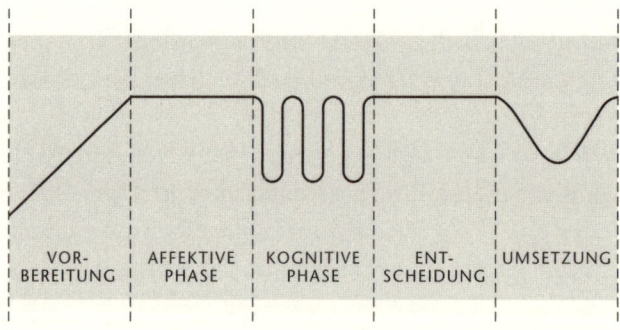

Auf die in Kapitel 4 beschriebene Achterbahnfahrt der Emotionen sollten Sie aber nur Ihr Gegenüber schicken. Sie selbst haben immer die Zügel in der Hand. Dabei helfen Ihnen 25 taktische Kniffe:

1. Agenda

Starten Sie bitte jede Verhandlung mit einer Agenda. Auch und vor allem eine kurze und unstrittige Agenda ist Ihnen für den weiteren Verhandlungsverlauf eine große Hilfe.

Die Agenda sperrt sozusagen die Straßen rund um die Bank ab. Sie definieren gleich zu Beginn, was verhandelt wird und was nicht.

Zudem ist es sinnvoll, jeden Agendapunkt mit einer zeitlichen Begrenzung zu verknüpfen. Sie können beispielsweise kommunizieren, dass für Agendapunkt Nr. 2 ein zeitlicher Rahmen von 30 Minuten angedacht ist.

Somit können Sie während der Verhandlung von Punkt Nr. 2 nach 30 Minuten auf die Agenda verweisen und zum nächsten, Ihnen vielleicht besser ins Konzept passenden Punkt wechseln. Oder Sie schicken vorweg, dass gerade Punkt Nr. 2 für alle von großem Interesse ist und Sie deshalb möchten, dass nicht 30, sondern 45 Minuten auf seine Besprechung verwendet werden. So können Sie flexibel und ganz nach Ihrem Belieben Einfluss auf den zeitlichen Ablauf der Verhandlung nehmen.

2. Inhalt wiedergeben

Es mag sich banal anhören, aber Sie sollten Ihrem Gegenüber ständig zeigen, dass Sie sehr an ihm und seiner Position interessiert sind. Benutzen Sie oft kleine Ermutiger wie »Aha« oder »OK« und schreiben Sie viel mit.

Reflektieren Sie, dass Sie den **Inhalt** verstanden haben.

Wiederholen Sie mit eigenen Worten, was Sie verstanden haben, und versichern Sie sich über die Richtigkeit.

Nutzen Sie Redewendungen wie: »Wenn ich Sie richtig verstehe …« oder »Wenn ich das in eigenen Worten wiedergebe …«.

Wichtig ist hierbei, dass Sie das vom Gegenüber Gesagte paraphrasieren und zusammenfassen. So sind Sie in der Lage, der Verhandlung mit Ihrer Zusammenfassung eine neue, für Sie günstige Richtung zu geben.

3. Gefühl wiedergeben

Hier wird es schon sehr viel schwieriger. Das Beschreiben von Gefühlen in Verhandlungen kommt fast immer dem Betreten einer Eisfläche gleich. Ein falsches Wort oder eine falsche Betonung, und Sie verlieren den Halt und somit die Führung in der Verhandlung.

Beispiel

Bleiben wir bei unserem Bankräuber-Beispiel. Sie telefonieren mit ihm und möchten über die Gefühlsebene in die Verhandlung einsteigen.

Sie wissen um die Lage des Bankräubers und natürlich auch um die Aussichtslosigkeit seines Tuns. Er befindet sich tatsächlich in einer schlechten **Situation**, sein Handeln wird daher von einer gewissen Angst, also von einem **Gefühl**, geleitet sein. Sie haben nun die Möglichkeit, über das Beschreiben seiner Situation an ihn heranzutreten. Indem Sie ihm darlegen, dass Sie verstehen, wie er sich wohl fühlen muss. Nehmen wir an, Sie erzählen ihm ganz konkret und wahrheitswidrig, dass Sie auch schon mal eine Bank überfallen haben – ein für einen Polizisten zugegeben ungewöhnlicher Fall. Sie sagen dem Bankräuber, dass Sie bei Ihrem eigenen letzten Banküberfall sich in einer ähnlichen Lage befanden. Sie tauschen sich über die Wahl der Waffen, die Haltung der Geiseln und die Möglichkeiten zur Flucht aus. Wie würde wohl ein Geiselnehmer auf diese Herangehensweise reagieren? Würde er sich freuen, dass er jemanden als Gesprächspartner hat, der schon eine ähnliche Situation gemeistert hat?

Nein, er würde diesen Versuch als respektlos ihm gegenüber abtun.

Beschreiben Sie dem Bankräuber jedoch das Gefühl der Ausweglosigkeit, das er gerade empfinden muss, und geben Sie ihm zu verstehen, dass Sie es gut kennen, so wird er sich auf ein Gespräch mit Ihnen einlassen.

Gefühle sind universal, jeder kennt sie und jeder kann sie nachvollziehen. Wenn Sie Gefühle beschreiben, haben Sie einen schnellen und authentischen Zugang zu Ihrem Gegenüber gefunden.

Beispiel

Sie sind eine Führungskraft, jung und dynamisch, keine Kinder, kein Eigenheim und müssen einem Mitarbeiter (mit Kindern und Eigenheim) kündigen.

Sie entschließen sich für ein schnelles Aussprechen der schlechten Nachricht, Ihr Mitarbeiter versteht die Nachricht und beginnt zu weinen.

Was tun? Die Situation oder das Gefühl ansprechen?

Wenn Sie die **Situation** ansprechen, dann beschreiben Sie sie aus Ihrer Gewissheit heraus und verkünden nicht die Wahrheit über sie. Sie sagen dem Mitarbeiter, dass Sie – obwohl kinderlos und nicht verschuldet – seine Situation gut verstehen können. Diese Herangehensweise wird Ihr Gegenüber sofort als unauthentisch entlarven und als respektlos abtun: Wie können Sie sich als jemand in einer so anderen Lebenslage anmaßen, sich in die seinige einzufühlen? Sie werden als heuchlerisch und nicht glaubwürdig wahrgenommen. Und das ist wirklich schlimm in einer Verhandlung.

Wenn Sie aber die **Gefühle** ansprechen, wird Ihre Schilderung authentisch. Da Sie etwas beschreiben, das Sie wirklich kennen. Das Gefühl der Ausweglosigkeit, das jeder von uns schon einmal verspürt hat. Gehen Sie jedoch nicht zu sehr ins Detail.

Sonst sprechen Sie wieder über sich und nicht über Ihr Gegenüber. Also nicht die eigene Situation beschreiben, sondern nur kundtun, dass Sie sein Gefühl kennen und daher nachvollziehen können.

4. Überbringen einer schlechten Nachricht

Das Aussprechen eine Kündigung gehört hierzu. Ich werde oft gefragt, wie ich solche Situationen aus meiner Erfahrung heraus bewerte. Sollte man die schlechte Nachricht gleich ansprechen oder mit Small Talk einleiten oder gar den Verhandlungspartner mit Andeutungen dazu bringen, dass er die schlechte Nachricht selbst entschlüsselt?

Hier habe ich einen sehr klaren Tipp: sofort ansprechen!
Irgendwann müssen Sie es eh sagen. Wenn Sie um den heißen Brei herumreden, wird alles noch viel schlimmer. Sagen Sie, was Sache ist, und halten Sie dann den Mund.
Sagen Sie beispielsweise »Hiermit spreche ich Ihnen die Kündigung aus!« und halten Sie sich mit Erklärungen und Rechtfertigungen zurück. Alles, was Sie auf die schlechte Nachricht folgend nachschieben, verwässert Ihre Aussage. Zudem kann es gegebenenfalls gegen Sie verwendet werden.

Sollte Ihr Gegenüber emotional reagieren, dann vereinbaren Sie bitte einen baldigen Termin für die nächsten Schritte. Denken Sie bitte nie, dass es ja gar nicht so schlimm ist und Ihr Gegenüber Ihre Entscheidung schon irgendwie verstehen wird. Nein, er kann und wird sie nicht verstehen. Schlicht, weil in dem Moment der Wahrheit seine Synapsen den Zugang zum Großhirn nicht mehr ermöglichen und ihm somit jede Form von Rationalität abhanden gekommen ist.

5. Eigene Gefühle ansprechen

Eine weitere gute Taktik ist das Ansprechen von eigenen Gefühlen. »Ich fühle mich nicht gut, wenn Sie mich so anschreien!« wäre eine Möglichkeit. Wichtig hierbei ist die Ich-Form. Bleiben Sie bitte immer in dieser Form und verschleiern die sogenannte Selbstaussage nicht mit Worten wie »man« oder »wir«.

In meinem Buch »Verhandeln im Grenzbereich« habe ich mich intensiv mit der Analyse von Gesprächen befasst. Dabei habe ich das Nachrichtenquadrat nach Schulz von Thun benutzt. In diesem Quadrat nimmt die Selbstoffenbarung einen wichtigen Teil ein, weil wir lernen müssen, mit unseren Selbstaussagen offen umzugehen. Sonst, wenn wir den Mut hierzu nicht aufbringen, benutzen wir mit »man« ein Pronomen, das abschwächt und unsere Aussage verwässert.

Sie dürfen in einer Verhandlung also gerne Ihre Gefühle ansprechen. Wenn Sie sich dafür entscheiden, sollten Sie es aber auch konsequent und mutig tun. Sprechen Sie in der Ich-Form und verstecken Sie sich nicht hinter anderen Formulierungen.

6. Gefühle des Gegenübers ansprechen

Diese Taktik geht noch weiter als Taktik Nr. 3, bei der Gefühle aufgegriffen werden. Nun sprechen Sie die Gefühle direkt an und nutzen sie für Ihre nächsten Schritte.

»Es scheint, dass Ihre Frau Sie sehr verletzt hat, als sie zu Ihnen sagte ...«: Mit diesem Satz signalisieren Sie, dass Sie die entscheidende Botschaft verstanden haben und mit tiefem Interesse weiter fragen werden.

Mein Lieblingssatz bei schwierigen Verhandlungen war: »Wenn ich Ihnen so zuhöre, dann hab ich das Gefühl, dass Sie ein sehr stolzer Mensch sind.«

Dies ist eine Kombination von Ansprechen des eigenen Gefühls und dem Ansprechen von Gefühlen des Gegenübers.

Diese Kombination wirkt auf das Gegenüber sehr stark ein und führt oft zur erhofften Deeskalation.

7. Nichts sagen

Diese Taktik scheint die einfachste zu sein. Leider ist aber gerade das Nichtssagen äußerst schwer. Es bedeutet, wirklich nichts zu sagen, weder verbal noch durch Körpersprache, einfach nichts.

In meinen schwierigsten Verhandlungen gab es oft Situationen, in denen ich nicht wusste, was ich sagen sollte. Jede Aussage hätte als Provokation verstanden werden und die Verhandlung eskalieren lassen können.

Deshalb halte ich mich an einen alten Grundsatz der Dialektik: »Wenn Sie nichts zu sagen haben, sagen Sie nichts!«

Mit Ihrem Schweigen betonen Sie alles bisher Gesagte, steigern dessen Effekt und bringen zudem Ihr Gegenüber zum Reden.

8. Zusammenfassungen

Die Straßen um die Bank herum sind abgesperrt, der Bankräuber ist noch in der Bank. Spezialeinsatzkräfte sind zum Tatort unterwegs, und Sie planen die nächsten Schritte.

Von den Einsatzkräften vor Ort wissen Sie bereits, dass es an der Nordseite der Bank nur vergitterte Fenster und keine Türen gibt und der Täter hier nicht fliehen kann.

Jetzt werden Sie die Absperrung an der Nordseite enger ziehen und damit den Bewegungsspielraum des Bankräubers immer mehr einschränken. Indem Sie die Sperre sukzessive in Richtung Bank verschieben.

In einer Verhandlung sollten Sie ähnlich vorgehen: Oft zusammenfassen und mit jeder Zusammenfassung eine Straße bzw. einen Agendapunkt absperren. Mit jedem Zwischenfazit schränken Sie die Bewegungsfreiheit Ihres Gegenübers ein. So gewinnen Sie mit zunehmender Verhandlungsdauer die Oberhand.

9. Minimieren

»Wenn ich innerhalb von 30 Minuten keinen Fluchtwagen bekomme, schneide ich der Geisel ein Ohr ab!« Wenn ein Bankräuber Ihnen so droht, ist eine sofortige Deeskalation natürlich von großer Bedeutung. Der Inhalt der Aussage signalisiert hohe Aggressivität, einen hohen Stresslevel und vor allem eine Festlegung.

Jeder Mensch lässt noch mit sich reden, solange er sich nicht festgelegt hat. Der Bankräuber hat sich mit der Drohung festgelegt. Er muss, sofern ihm der Wagen versagt bleibt, nach 30 Minuten tatsächlich das Ohr der Geisel abschneiden. Sonst verliert er sein Gesicht und verspielt seine Glaubwürdigkeit. Wenn er kein Ohr abschneidet, wird jede weitere Drohung ohne Wirkung verpuffen.

Seine Festlegung gilt es nun abzuschwächen, um ihn wieder in die Verhandlung zurückzuführen.

Wir minimieren die Drohung, indem wir sie in anderen Worten wiedergeben. Etwa so: »Wenn ich Sie richtig verstehe, dann wollen Sie die Geisel verletzen, wenn wir zu keiner Einigung kommen.«

Wir sagen »verletzen« statt »Ohr abschneiden« und sprechen von »Einigung«. Damit nehmen wir die Drohung aus seiner Aussage.

So sollten Sie auch vorgehen, wenn Ihr Gegenüber eine Drohung ausspricht.

Beispiel

Ein Einkaufsleiter droht dem Lieferanten mit einer sofortigen Auslistung, wenn dieser den Preis nicht reduziert: »Wenn ich keine 5 % Preisreduzierung bekomme,
liste ich Sie aus und gebe das gesamte Volumen einem Wettbewerber!«

Worte wie »Preisreduzierung« und Formulierungen wie »Ich liste
Sie aus« dürfen Sie natürlich auf gar keinen Fall wiederholen.
Ignorieren Sie sie und formulieren Sie sie um.

Wichtig ist hier die Taktik des »Minimierens«, die den Stresslevel und das Drohpotential abbaut. Eine Antwort könnte sein:

»Vielen Dank für das offene Ansprechen der kritischen Punkte.
Wenn ich Sie richtig verstehe, denken Sie über eine Änderung unserer Geschäftsbeziehung nach, falls wir zu keiner Einigung kommen.«

10. Störungen vermeiden

Der Bankräuber ist in der Bank, wir haben das Gebäude umstellt
und ziehen den Absperrring immer enger.

Die Verhandlungen laufen, und wir müssen nun sicherstellen,
dass es zu keinen Störungen kommt.

Ein plötzlich vorbeifahrendes Polizeiauto, ein über der Bank
kreisender Hubschrauber oder ein in der Ferne tönendes Martins-
horn könnten den Bankräuber in Panik versetzen.

In Ihren Verhandlungen sollten Sie ebenfalls sicherstellen, dass es
zu keinen Störungen und Überraschungen kommen kann. Ge-
meint sind hier beispielsweise der zur Verhandlung hinzukom-
mende Chef, die von einem Fachbereich entgegen der Absprachen
an die Gegenseite gesendete E-Mail oder in der Presse präsentierte
Rekordgewinnzahlen, während Sie mit dem Kunden gerade über
Preise verhandeln.

11. Provokationen vermeiden

Verhandlungen mit Bankräubern finden natürlich immer im Zusammenspiel mit anderen Polizeieinheiten und Hilfsorganisationen statt.

Wenn beispielsweise eine Kommunikation mit einem Bankräuber aufgebaut werden soll, dann ist es oft hilfreich, ihm ein Mobiltelefon zu bringen. Mit diesem Telefon stellt man den ständigen Kontakt sicher, und kein Megaphon oder Ähnliches ist vonnöten.

Aber wer überbringt das Handy? Feuerwehruniformen werden von den meisten Menschen positiv bewertet und mit »Hilfe« assoziiert. Polizeiuniformen lösen leider meist eine gegenteilige Assoziation aus.

Deshalb wird ein Feuerwehrmann das Mobiltelefon überbringen, um unnötige Reaktionen und Provokationen zu vermeiden.

Während Ihres Verhandlungsprozesses sollten Sie überlegen, welche Personen und Reaktionen eine negative oder gar provozierende Assoziation auslösen. Und in schwierigen Verhandlungsphasen sollten Sie gerade diese provozierenden Assoziationen vermeiden.

Beispiel

Der Einkaufsleiter eines Automobilkonzerns war für sein forsches, manchmal sogar respektloses Verhalten in der Verhandlung bekannt. Seine Verhandlungsführung war immer sehr konfrontativ. Er malte beispielsweise Forderungen ausschließlich in Kurzform an das Flipchart, um daraufhin sofort wieder den Raum zu verlassen. Ein Lieferant aus Osteuropa drohte nun während einer Verhandlung mit diesem Einkaufsleiter aus einer emotionalen Reaktion heraus einen Lieferstopp an.

Nun blieb unserem Institut, das die Verhandlung begleitete, nichts anderes übrig, als den konfrontativen Einkaufsleiter augenblicklich aus der Verhandlung herauszunehmen, um deeskalierend zu wirken. Das nun folgende Angebot zur weiteren

Verhandlung ließen wir dann von einem Architekten überbringen, der Kunde wie Lieferant gut kannte.

12. Festlegungen des Gegenübers vermeiden

Sehr leichtsinnig wäre es, den Bankräuber zu einer frühen Entscheidung zu drängen. Eine Aufforderung seitens der Polizei wie »Jetzt machen Sie keinen Unsinn und geben Sie auf!« wäre völlig falsch.

Mein Ausbilder hat während Verhandlungen mit Selbstmördern immer betont: »Ich werde Sie nicht am Springen hindern. Aber bevor Sie springen, reden wir.«

Mit diesem Satz hat er deutlich gemacht, dass der »Selbstmörder« keine Entscheidung treffen muss.

In Ihren schwierigen Verhandlungssituationen sollten Sie das auch klarstellen. Die Gefahr der frühen Festlegung habe ich schon betont. Mit dieser Taktik, bei der es um die Festlegung des Gegenübers geht, möchte ich sie vertiefen und weiterführen.

Sagen Sie Ihrem Gegenüber, dass er sich nicht entscheiden muss. Er wird Ihnen dafür dankbar sein.

Und bedenken Sie bitte die alte Polizeiweisheit: »Wer redet, schießt nicht.« Lassen Sie Ihren Gegner also reden und zwingen Sie ihn nicht zu einer Entscheidung.

13. Ratschläge vermeiden

Sehr unklug sind Ratschläge in einer Verhandlung. Im Wort Ratschlag steckt der Schlag, den Sie Ihrem Gegenüber lieber nicht verpassen. Ebenfalls zu vermeiden ist es, die Wahrheit für sich in Anspruch zu nehmen.

Vermeiden Sie also bitte:

- Pausenloses Bedrängen à la »Jetzt kommen Sie schon.«
- Belehrungen à la »Das sehen Sie falsch.«
- Vorwürfe à la »Was haben Sie sich eigentlich dabei gedacht?«
- Bewertungen à la »Ich weiß schon, was Ihnen fehlt.«
- Dramatisieren à la »Wissen Sie, was Sie anderen damit antun?«

14. These und Antithese

Das Belehren des Gegenübers ist eine der großen Gefahren der Verhandlung. Sie können den Anschein der Belehrung leicht vermeiden, wenn Sie nicht nur die Vorteile, sonder auch die Nachteile Ihrer Vorschläge selbst in die Verhandlung einbringen.

Sagen Sie also nicht, wo alleine der konkrete Nutzen für Ihr Gegenüber liegt. Wer nur die Vorteile seines Produkts herausstellt, wird als Belehrender wahrgenommen.

Bringen Sie auch seine Nachteile in die Verhandlung ein. Solche, die tatsächlich gegen Sie sprechen. Stellen Sie dar, warum Sie dennoch von Ihrem Vorschlag überzeugt sind. Arbeiten Sie nach den Grundsätzen der Dialektik mit These und Antithese. Gut ist es, These und Antithese in ein synthetisches Fazit, das für Ihren Vorschlag spricht, münden zu lassen.

Dieses Fazit, diese Beurteilung sollte sich natürlich organisch in Ihre gesamte Vorgehensweise einfügen und Sie auf Ihrem Weg zu einer Einigung unterstützen.

An diesem Punkt ist die Abgrenzung zur affektiven Phase von Bedeutung, also von den ersten drei Minuten der Verhandlung. In der affektiven Phase sollten Sie negative Punkte tunlichst vermeiden. Während der kognitiven Phase, dem »Stabilisieren« des Gegenübers, macht es Sinn, auch Negatives zu betonen, um glaubwürdig zu wirken.

15. Fragen Sie Definitionen ab

Fragen Sie Ihr Gegenüber, was genau er mit seiner Aussage ge-
meint haben könnte. Lassen Sie sich Begriffe wie Qualität, Zuver-
lässigkeit erklären und greifen Sie die Definitionen Ihres Gegenübers auf. Formulieren Sie sie um und führen sie somit zu Ihren
Gunsten weiter.

Fragen Sie »Was verstehen Sie unter …?« Um das Beispiel mit dem
Bankräuber nochmals aufzunehmen: »Was verstehen Sie unter
einem freien Abzug?« Der Bankräuber liefert eine Definition, und
wir hinterfragen sie nochmals: »Wenn ich Sie richtig verstehe,
meinen Sie also …«
    Nach dieser Nachfrage bieten wir unsere Definition an. »Könn-
ten wir das auch so verstehen …?«

16. Vermeiden Sie Behauptungen

Hier beansprucht eine einfache Erkenntnis Geltung. Wer behauptet, muss beweisen. Wer hingegen Fragen stellt, muss nichts beweisen.

17. Vermeiden Sie Rückgriffe auf frühere Aussagen

Greifen Sie nicht frühere Äußerungen Ihres Gegenübers auf, sofern sie Ihren Interessen widersprechen. »Sie hatten damals gesagt …«
    Wenn Sie ihm seine Äußerungen vorhalten, bleibt ihm nichts
anderes übrig, als bei seiner Meinung zu bleiben. Sie intensivieren
so also nur das Ausmaß seiner Gegenwehr.

18. Vermeiden Sie humorvolle Bemerkungen

Humor ist es nur dann, wenn alle lachen. Aus meiner Erfahrung kann ich Ihnen sagen, dass gerade Humor in schwierigen Verhandlungen kontraproduktiv ist.

So sprach ein Geiselnehmer sehr negativ über seine Ex-Frau, und ich machte dazu eine – wie ich meinte – humorvolle Bemerkung. Meinen Kommentar »Entweder man ist glücklich oder verheiratet« fand er jedoch nicht wirklich lustig. Er durfte über seine Ex-Frau schimpfen, ich nicht.

19. Kombinieren Sie jedes Argument mit einer Frage

Da jedes Argument ein Gegenargument hat, bin ich grundsätzlich kein Freund der Argumentation. In schwierigen Verhandlungen mit Geiselnehmern gibt es keine Argumente. Dem Geiselnehmer etwa zu sagen, dass er keine Geisel nehmen darf, ist zwar richtig, bringt mich aber nicht weiter.

Besonders schwierig wird es, wenn Sie mit einem schwachen Argument ertappt werden. Sie kennen vielleicht Situationen, in denen Sie sich wünschten, Sie hätten besser nichts gesagt und ein bestimmtes Argument lieber nicht eingebracht.

Sollte Ihnen das passieren, dann haben Sie nur noch eine Möglichkeit, um das Gesicht zu wahren: Kombinieren Sie Ihr schwaches Argument mit einer guten Frage. So reißen Sie die Zügel der Verhandlung wieder an sich, indem Sie von dem schwachen Argument ablenken.

Gut beraten ist, wer gleich jedes Argument mit einer Frage kombiniert. Sie verbleiben so immer in der Führungsrolle und bestimmen die Dynamik der Verhandlung. Sollte nun eines Ihrer Argumente wirklich schwach sein, fällt dies kaum auf.

20. E contrario

Nun betreten wir die hohe Schule der Dialektik und argumentieren aus der Gegenposition – e contrario.

Sie bringen eine Meinung, die Sie absolut nicht teilen, in die Verhandlung ein und stellen heraus, wie wenig Sie mit ihr einverstanden sind. Daraufhin widerlegen Sie die Meinung selbst. Nachdem Sie nun deutlich gemacht haben, nicht dieser bestimmten Meinung zu sein, und diese Meinung auch noch überzeugend widerlegt haben, gibt es keinen Angriffspunkt für die Gegenseite mehr.

So drosseln Sie das Tempo der Verhandlung, indem Sie zweimal hintereinander auf die Bremse drücken. Wenn Sie das geschickt anstellen, wird Ihre »Nichtmeinung« nicht mehr aufgegriffen und Sie behalten die Verhandlungsführung inne.

Ein Beispiel für eine selbst widerlegte »Nichtmeinung«: »Ich bin nicht der Meinung, dass der Preis der alleinige Maßstab für die Bewertung meine Angebotes sein sollte. Vielmehr zählt die Messbarkeit des Erfolgs, die ich anhand der folgenden Untersuchung darlegen kann.«

21. Holen Sie sich das Gegentor

Wenn Sie sich für Fußball interessieren, dann wissen Sie, dass ein Spiel 90 Minuten dauert und bei einem Spielstand von 0 : 0 ein Gegentor in der 89. Spielminute dramatisch ist. Das Spiel ist gleich vorbei, Sie können nichts mehr tun, und auch die 89 Minuten zuvor sind Sie umsonst gelaufen.

Es gibt Verhandlungen, bei denen wissen Sie ganz genau, dass Sie ein Gegentor einfangen werden. Sie wissen beispielsweise, dass die Gegenseite einen Preisnachlass haben möchte.

In einem solchen Fall rate ich Ihnen, das Gegentor bewusst einzufangen und somit wieder in die Verhandlungsführung zu kommen.

Fragen Sie zu Beginn der kognitiven Phase, welche Forderungen die Gegenseite bezüglich des Preises hat. Fragen Sie pro-aktiv und notieren Sie die Antwort. Notieren – nicht beantworten, nicht kommentieren und schon gar nicht bewerten. Nur notieren und schweigen.

Sie können nun bestimmen, wann genau Sie diesen kritischen Punkt aufgreifen werden, Sie sind ja schließlich der Meister der Agenda.

Wenn Sie pro-aktiv die schwierigsten Hindernisse ansprechen, dann werden Sie ein wirklicher Verhandlungs-Führer und warten nicht wie das Kaninchen vor der Schlange auf deren Angriff, erzielen vielmehr schnell den Ausgleich und bald darauf den Führungstreffer.

22. Sprechen Sie im Konjunktiv

Den Kern einer Verhandlung bildet das Handeln, Sie handeln mit Ihrem Gegenüber eine Einigung aus.

Wer signalisiert, dass er schon alles weiß und die Einigung bereits vor seinem geistigen Auge sieht, der wirkt arrogant und ruft beim Gegenüber eine Blockadehaltung hervor.

Tun Sie zumindest so, als ob Sie selbst noch nach dem geeigneten Weg zu einer Lösung suchen würden.

Zeigen Sie dem Gegenüber, dass Sie selbst in Teilbereichen noch unschlüssig sind und gerne seinen Rat hören würden.

Benutzen Sie deshalb keine dominanten und festlegenden Formulierungen, sondern sprechen Sie im Konjunktiv.

Bringen Sie jede Forderung im Konjunktiv in die Verhandlung ein. »Wäre es für Sie vorstellbar …« oder »Würden Sie es für möglich halten …« sind geschickte Formulierungen. Auch die Verbindung mit der Ich-Form ist gut geeignet:«Ich möchte meinen, dass ...« oder »Ich könnte mir vorstellen, dass ...«.

23. Lehnen Sie Forderungen konziliant ab

Das elegante Ablehnen von Forderungen können wir gut von anderen Kulturen und deren Sprache lernen.

Die Meister in diesem Metier sind aus meiner Erfahrung die Engländer.

Mag die Forderung noch so unsinnig und unrealistisch sein, ein Engländer wird sie nie mit einem »Nein« abwürgen.

Das Ablehnen der Forderung beginnt immer damit, dass die Forderung zunächst einmal aufgegriffen wird. »I hear what you say ...« ist sicherlich schon die härteste Form, üblicher sind Formulierungen wie »very interesting« oder »good point«.

Nach diesem Annehmen der Forderung wird sie geparkt und abgeschwächt: »In general we agree ...« oder »we would like to agree ...«.

Darauf folgt dann eine Frage, und die Verhandlungsführung liegt wieder vollständig bei der Gegenseite, ohne dass Sie genau wissen, was mit Ihrer Forderung überhaupt passiert ist.

Diese Formulierungen können Sie auch im Deutschen gut benutzen: »Grundsätzlich könnte ich zustimmen, mit dem Punkt ... habe ich noch meine Probleme« oder »Gerne würde ich zustimmen, jedoch gibt es noch eine Frage ...«.

24. Hinterfragen Sie jede Forderung

Sobald Sie zu einer Forderung Stellung beziehen, sind Sie in der Defensive. Sie argumentieren dagegen, behaupten etwas, bringen Beispiele ein – und geben die Führung komplett auf.

Deshalb sollten Sie keine Stellung beziehen, sondern jede Forderung hinterfragen.

Fragen Sie nach

- Definitionen (und bringen Ihre eigene ein)
- Beispielen (und widerlegen diese)
- konkreten Sachverhalten (damit kommen Sie in die Offensive)
- schlüssigen Beweisen (und widerlegen diese).

25. Vermeiden Sie Schlagfertigkeit

In einer Verhandlung nutzt Ihnen Schlagfertigkeit nichts. Das mag in einer Debatte oder einer Diskussion vielleicht anders sein.

In einer Verhandlung gibt es immer ein klares Ziel mit einer klaren Strategie.

Sie verlieren das Ziel und auch die Strategie, wenn Sie schlagfertig antworten. Das Antworten an sich ist ja schon schlimm genug. Wenn Sie die Antwort auch noch zum Schlagen benutzen, wird es dramatisch.

Sie reagieren schlagfertig, wenn Sie das Gefühl haben, getroffen zu sein. Wenn Ihr Gegenüber Ihren sogenannten »sensitive spot« getroffen hat. Das sind die Reizwörter, auf die Sie emotional reagieren. Sie fühlen sich getroffen und halten dagegen. Dabei sind Sie nicht vorbereitet, nicht berechenbar, nicht logisch und vor allem nicht strategisch denkend.

Egal, was passiert. Sie sollten agieren und nicht reagieren.

Wie das geht, sehen wir im nächsten Kapitel.

Zusammenfassung der Verhandlungstipps

Verhandeln Sie nicht intuitiv, sondern taktisch!

Beachten Sie die 25 wichtigsten Regeln:

1. Agenda
2. Inhalt wiedergeben
3. Gefühl wiedergeben
4. Überbringen einer schlechten Nachricht
5. Eigene Gefühle ansprechen
6. Gefühle des Gegenübers ansprechen
7. Nichts sagen
8. Zusammenfassungen
9. Minimieren
10. Störungen vermeiden
11. Provokationen vermeiden
12. Festlegungen des Gegenübers vermeiden
13. Ratschläge vermeiden
14. These und Antithese
15. Fragen Sie Definitionen ab
16. Vermeiden Sie Behauptungen
17. Vermeiden Sie Rückgriffe auf frühere Aussagen
18. Vermeiden Sie humorvolle Bemerkungen
19. Kombinieren Sie jedes Argument mit einer Frage
20. E contrario
21. Holen Sie sich das Gegentor
22. Sprechen Sie im Konjunktiv
23. Lehnen Sie Forderungen konziliant ab
24. Hinterfragen Sie jede Forderung
25. Vermeiden Sie Schlagfertigkeit

IRRTUM NR. 7

Wir müssen unbedingt vermeiden, während der Verhandlung in eine Sackgasse zu geraten

»Die Krise kann ein produktiver Zustand sein. Man muss ihr nur den Beigeschmack der Katastrophe nehmen.« (Max Frisch)

Noch besser kann man es kaum formulieren. Die Krise ist nicht negativ, wenn ich die Dynamik in eine konstruktive Richtung lenken kann.

Mit diesem Kapitel möchte ich gerne aufzeigen, wie Sie eine Verhandlung durch eine Krisensituation führen können, und Ihnen die wichtigsten Prinzipien für Krisenverhandlungen aufzeigen. Der Höhepunkt der Krise ist die Sackgasse, deshalb werde ich auf die Sackgasse besonders eingehen.

Eine Krise bedeutet einen Bruch in einer zuvor kontinuierlichen Entwicklung der Verhandlung. Die weitere Entwicklung ist ungewiss, sie hängt von den Reaktionen des Gegenübers und den getroffenen Maßnahmen ab.

Eine Krise hat mehrere Kennzeichen:

- Es handelt sich bei ihr um einen schleichenden Prozess (im Gegensatz zur Katastrophe, die plötzlich hereinbricht).
- Sie kann verhindert werden. Der Krise geht ein nicht thematisiertes Problem voraus – meist ein Verhandlungsfehler.
- Es gibt in aller Regel nicht eine einzige Ursache der Krise. Mehrere Faktoren wirken zusammen und verstärken sich in ihrer Wirkung.
- Ihr Ausgang ist ungewiss: Sie kann bewältigt werden oder zum endgültigen Abbruch der Verhandlung führen.

Befindet sich eine Verhandlung in der Krise, dürfen Sie keinesfalls den Emotionen der handelnden Personen Raum geben. Die bisher aufgezeigten Reaktionen von Angriffs- und Fluchtmenschen wirken sich gerade in einer Krisensituation negativ auf die Verhandlung aus.

Sie sollten einen Verhandlungs-Krisenplan wie beispielsweise den »N-Crisis« für Verhandlungen, der an unserem Institut entwickelt wurde, in Ihrem Unternehmen installieren.

Dieser Krisenplan basiert auf standardisierten Verfahren, die vielfach erprobt worden sind. Am besten, Sie bereiten ausgewählte Manager gezielt auf diese Krisenverhandlungen vor.

Polizeiliche Verhandlungsgruppen werden mit ähnlichen Prinzipien vertraut gemacht, intensiv trainiert, und die Verhandlungen verlaufen dann nur innerhalb dieses Korridors. Das intuitive Verhandeln wird dadurch stark eingeschränkt, was in Krisenverhandlungen immer von Vorteil ist.

Die Anwendung der Prinzipien üben die Polizisten im Vorfeld tatsächlicher Krisen ein. Im Ernstfall kann sie dann fast automatisch abgerufen werden. Wenn dann die Verhandlung zunehmend deeskaliert worden ist, wird der Prinzipien-Korridor wieder erweitert, und das intuitive Verhandeln bekommt mehr Raum.

Sehr wichtig ist mir der Hinweis, dass wir nie zu Manipulationstechniken raten. Wer den Verhandlungspartner manipuliert, ist zum einen sehr unfair und schießt zum anderen häufig ein Eigentor. Denn ein manipuliertes Gegenüber ist in einer Stresssituation äußerst gefährlich.

Da wir bei polizeilichen Verhandlungskommandos um die klassischen Verhaltensweisen unter Stress wussten, haben wir nie Manipulationstechniken angewendet.

Gerne nochmals unser Prinzip: Wir wollen konsequent verhandeln, aber nie unfair.

Unser Ziel ist die Konsequenz in der Verhandlung, unsere Konsequenz. Wir wollen im »driver seat« sitzen und jederzeit die Führung der Verhandlung innehaben. Und Führen heißt, das Gegenüber zu stabilisieren.

Mit dem folgenden Krisenplan sind Sie genau dazu in der Lage. Sie können das Gegenüber ständig stabilisieren und somit die Verhandlung sicher führen.

Ab jetzt gilt der Krisenplan. Immer dann, wenn Sie mit den bisherigen Strategien und Taktiken nicht das gewünschte Ergebnis erzielt haben.

Krisenplan für Verhandlungen (N-Crisis):

1. Single Point of Contact
2. Rhythm of Negotiation
3. Informationssperre nach außen und innen
4. Kontakt zu den V-Männern
5. PR-Begleitung
6. Strategieerarbeitung: Integrative Verhandlung
7. Einbringen von Forderungen – offen und verdeckt
8. Aufzeigen der Sackgasse
9. Abbruch
10. Wiedereinstieg und Einigung

Single Point of Contact

Vermeiden Sie Eskalationen innerhalb Ihres Unternehmens

Ihr Verhandlungsteam ist aufgestellt, die Rollen sind in Negotiator, Commander und Decision Maker aufgeteilt.

Ein Negotiator ist der Verhandlungsführer, er ist für das Führen der Verhandlung verantwortlich. Er leitet die Verhandlung, verhandelt die Agenda, stellt Fragen, fasst Ergebnisse zusammen und führt die Verhandlung zum Abschluss.

In Verhandlungen mit Geiselnehmern würde er beispielsweise die Höhe des Lösegelds verhandeln. Das Lösegeld darf er verhandeln, den Fluchtwagen auf gar keinen Fall.

Denn während der Vorbereitung wurde festgelegt, dass ein Fluchtwagen außerhalb der verhandelbaren Masse, also außerhalb der Agenda liegt.

Beispiel

Ein Einkäufer ist verantwortlich für die Verhandlungsführung, er versucht beim Lieferanten eine Preisreduzierung von 5 % zu erreichen.

Der Lieferant besteht seinerseits auf einer Preiserhöhung von 5 %, sonst stellt er sofort die Lieferung ein. Der Einkäufer arbeitet mit »just in sequence«-Lieferung, d. h. ein Lieferstopp führt innerhalb von 3 Stunden zu einem Stillstand der gesamten Produktion.

Was glauben Sie, passiert in so einem Szenario? Im einem ersten Schritt werden alle vorhandenen emotionalen Reaktionen ausgelebt: ein Fluchverhalten wie das Anbieten von Kompromissen, ein Vertagen und auch Nachgeben. Oder ein Angriffsverhalten, das sich in Aggressionen, Gegendrohungen oder Beleidigungen niederschlägt.

Im zweiten Schritt ist fast immer die gleiche Reaktion zu ver-
zeichnen:
Der Einkäufer zieht sich zurück und berät sich mit seinem Chef.

Und hier passiert aus meiner Sicht einer der größten Verhandlungsfehler überhaupt: Der Chef (in diesem Fall der Einkaufsleiter) begibt sich auf die Ebene der Verhandlung und übernimmt
die Verhandlungsführung. Er rettet, was noch zu retten ist.

Dabei haben wir es mit einer folgenschweren Fehlentscheidung
zu tun. Denn hier gelten die Regeln des »Drama-Dreiecks« aus der
Transaktionsanalyse. Es gibt einen Täter (den bösen Lieferanten),
ein Opfer (den machtlosen Einkäufer) und einen Retter.
    Der Retter übernimmt die Verhandlung und rettet, was noch
zu retten ist. Ich nenne den Retter gerne Superman.
    Superman, der Chef, fliegt also, ob mit oder ohne Kostüm, in
die Verhandlung und stellt sich vor das Opfer. Nach meiner Erfahrung geht es den meisten Opfern gar nicht darum, unbedingt gerettet zu werden, sondern um den grundsätzlichen Wunsch nach
Schutz von oben.
    Es ist nun nicht mein Bestreben, ein allzu simples Schwarz-
weiß-Bild von Führungskräften zu malen. Eine Erfahrung habe
ich jedoch über die Jahre gemacht. Es gibt nichts Schlimmeres für
eine Führungskraft, als eine Gefahr zu erkennen und dann nicht
retten zu dürfen.
    So habe ich in der Begleitung von Verhandlungen leider sehr
oft mit ansehen müssen, wie Superman ungefragt in die Verhandlung geflogen kam. Mit wehendem Umhang, dem unerschütter-
lichen Bewusstsein, gebraucht zu werden, und dem Selbstver-
ständnis, dass »es so nicht geht«.

Es gibt auch Unternehmen, in denen gleich mehrere Supermän-
ner in die Verhandlung fliegen wollen und sich im Luftraum über
der Verhandlung ein Stau bildet.

Der Superman übernimmt also die Verhandlungsführung und hat
ab jetzt zwei riesige Nachteile:

- Die Aggressivität des Täters (in diesem Beispiel des
  Lieferanten) richtet sich nun gegen Superman.
- Täter und Superman kämpfen, wobei das Opfer aber
  verblutet.

Lassen Sie uns zunächst den ersten Punkt näher betrachten:

- Die Aggressivität des Täters richtet sich nun gegen
  Superman.

Die Rollenaufteilung in Negotiator, Commander und Decision
Maker ist sinnvoll, weil sie die aufkommenden Emotionen und
die aus ihnen folgenden Verhandlungsfehler eindämmt. Der
Commander bleibt ein »nichtsprechender Verhandler« und gibt
acht auf seinen Negotiator. Er berät ihn, gibt ihm Tipps zur Einhaltung der Strategie und bleibt in seinem Abstand zum Gesche-
hen nicht angreifbar.

Wenn der Commander seine Rolle aufgibt und als Superman
in die Verhandlung fliegt, ist der Schutz des Negotiators leider da-
hin.

Indem er die Verhandlungsführung übernimmt, wird der
Commander natürlich auch angreifbar. Er sieht sich ungerechtfertigten Forderungen und Drohungen ausgesetzt, wird selbst aggressiv und verletzbar.

Das hat wiederum negative Folgen für den Negotiator. Gerade
wenn sich die Verhandlung in einer Sackgasse befindet, wäre ein
Commander, der seinen Negotiator schützt, eine große Hilfe. Somit sollten Sie tunlichst vermeiden, dass er in die Verhandlung
fliegt.

- Täter und Superman kämpfen, das Opfer verblutet.

Eine wichtige Frage würde ich gerne an Sie weitergeben. Was glauben Sie, in welchen Unternehmen sitzen die besten Negotiator?

Nach der Begleitung von Verhandlungen über die letzten zehn Jahre traue ich mir eine Aussage zu: Es sind die Unternehmen, die ihre Negotiator verhandeln lassen und nicht gleich beim ersten Widerstand austauschen.

Alle Unternehmen mit einer ausgeprägten Superman-Kultur scheitern in schwierigen Verhandlungen, weil sie ihre Negotiator austauschen und durch den Commander ersetzen.

Dass während des klirrenden Gefechts zwischen Täter und Retter das Opfer verblutet, klingt sicherlich hart, im Kern trifft die Aussage aber sehr wohl zu. Der Negotiator (also beispielsweise der Einkäufer) verliert nach dem Erscheinen von Superman das Gesicht.

Der Gegenseite ist nun klar, dass der Negotiator nur Briefträger ist, keine Verhandlungskompetenz besitzt und alle Anfragen zu wichtigen Punkten gleich an den Commander herangetragen werden sollten.

> Verhandlungstipp:
> Vermeiden Sie jede Eskalation innerhalb Ihres Unternehmens!
> Ein Negotiator ist für die Verhandlung innerhalb seines Spielraums verantwortlich. Der Commander zieht vor der Verhandlung klare Abgrenzungsrichtlinien und lässt den Negotiator dann im Rahmen dieses Spielraums auch verhandeln.
> Wenn die Gegenseite einen Fluchtwagen fordert und mit sofortigen Sanktionen droht, also in besonders prekären Situationen, sollte der Negotiator den Commander um Rat fragen.
> Nie jedoch darf er die Verhandlung an den Commander übergeben!
> Ein Commander sollte nie auch nur auf die Idee kommen, die Verhandlungsführung an sich zu reißen!

Egal, was in einer Verhandlung auch passiert: Der Negotiator bleibt der Verhandlungsführer. Bis ans Ende aller Verhandlungstage.

Wenn ein Negotiator weiß, dass er das Vertrauen seiner Führungskräfte besitzt und nicht ausgetauscht wird, so wird er auch sehr konsequent verhandeln. Wenn er sich nicht darauf verlassen kann, wird er schneller Zugeständnisse machen.

Beziehen Sie Decision Maker nicht in laufende Verhandlungen ein

Was würden Sie dem Geiselnehmer sagen, wenn er mit dem Decision Maker verbunden werden möchte? Wie würden Sie sich fühlen, wenn der eigene Decision Maker ohne Sie zu fragen beim Geiselnehmer angerufen hätte?

Was hier unrealistisch, ja fast schon lächerlich erscheint, ist in Business-Verhandlungen an der Tagesordnung.

Die bisher aufgeführten Regeln gelten nicht nur für den Commander, sondern auch und vor allem für den Decision Maker. Es gibt nicht wenige Unternehmen, in denen auch Decision Maker ungefragt in die Verhandlung fliegen. Der Einfluss für den weiteren Verhandlungsverlauf ist natürlich dramatisch. Nicht nur der Negotiator verliert das Gesicht, auch der Commander wird beschädigt. Der Decision Maker übernimmt dann die konkrete Verhandlungsführung und ist als endgültiger Entscheidungsträger gefangen. Weder kann er die Verhandlung noch vertagen, noch sich zurückziehen oder jemanden um Rat anrufen. Er muss und wird nun entscheiden. Wenn Sie diese Situation bereits erlebt haben, dann wissen Sie um die Gefahr eines solchen Fehlers und um den Preis, den Sie für ihn entrichten müssen. Er wird hoch sein, sehr hoch.

Sorgen Sie für einen Single Point of Contact

Sie können die bisher aufgeführten Gefahren stark reduzieren, wenn Sie vor der Verhandlung einen »Single Point of Contact« installieren.

Machen Sie zunächst intern klar, dass es in Ihrem eigenen Unternehmen nur einen einzigen Ansprechpartner für die Gegenseite gibt: den Negotiator.

Dieser Negotiator besitzt das alleinige Recht zur Kontaktaufnahme mit der Gegenseite. Nur er spricht und verhandelt mit der Gegenseite. Natürlich ist er in ständigem Kontakt mit dem Commander, und dieser ist wiederum in ständigem Kontakt mit dem Decision Maker.

Im Klartext bedeutet das für den Commander und den Decision Maker, dass sie bezüglich der Verhandlung ab diesem Zeitpunkt keinen Kontakt zur Gegenseite mehr haben. Ich warne ausdrücklich davor, die Bedeutung dieses Punktes herunterzuspielen.

Beispiel

Der Decision Maker unseres Kunden spielt mit einem Commander der Gegenseite Golf. Beide unterhalten sich auch über die anstehende schwierige Verhandlung und sind natürlich professionell genug, die Details nicht auf dem Golfplatz anzusprechen. Der Commander fragt unseren Decision Maker nur recht allgemein: »Lieber Herr CEO, was denken Sie, wird die anstehende Verhandlung unsere langfristige Partnerschaft beschädigen und an einigen Tausend Euro scheitern?« Die Antwort des Decision Makers: »Nein, natürlich nicht.« Die nächste Verhandlungsrunde wird von der Gegenseite dann mit folgender Formulierung eingeleitet: »In Gesprächen mit Ihrem CEO hat dieser klargemacht, dass unsere Partnerschaft nicht wegen finanzieller Differenzen in Frage gestellt wird. Hier ist unsere Preisforderung ...«

Fazit: Als Decision Maker oder Commander dürfen Sie nichts, aber auch gar nichts zu einer laufenden Verhandlung sagen. Bereits versteckte Andeutungen wie in dem genannten Beispiel werden gegen Ihren Negotiator ins Feld geführt werden.

»Single Point of Contact« bedeutet auch, dass der Informationsfluss nur noch über eine Person, den Negotiator, läuft. Jeder Brief, jede E-Mail, jedes Telefonat mit der Gegenseite muss vor dem Anruf bzw. Versenden mit dem Negotiator abgesprochen werden. Vor, nicht nach dem Anruf oder Versenden. Ein CC oder BCC in der E-Mail wäre also grundlegend falsch und stellt den Negotiator vor vollendete Tatsachen.

Nachdem Sie intern klargemacht haben, dass innerhalb Ihres Unternehmens jeglicher Kontakt mit der Gegenseite über den Negotiator zu laufen hat, verdeutlichen Sie dies sodann auch extern. Kommunizieren Sie der Gegenseite, dass es in Ihrem Unternehmen nur einen einzigen Ansprechpartner für sie gibt: den Negotiator.
Dieser Mitteilung müssen natürlich Taten folgen. Wenn diese Anweisung auch nur einmal intern unterlaufen wird, bricht Ihre Taktik wie ein Kartenhaus zusammen.

Aus meiner Sicht darf man einem Geiselnehmer nicht böse sein, wenn er nach demjenigen, der in letzter Instanz entscheidet, dem Decision Maker, verlangt. Ich würde es wohl genauso machen und mir von dem Kontakt viel erhoffen.
Seien Sie also der Gegenseite nicht böse, wenn diese Ihrem konkreten Wunsch nicht nachkommt und nicht in jedem Fall Ihren Negotiator konsultiert. Auch nicht, wenn die Gegenseite versucht, in Ihrem Unternehmen direkt an Informationen zu gelangen, einen V-Mann installiert und ihre gewonnenen Informationen gegen den Negotiator nutzt.

Die Taktik des »Single Point of Contact« ist nicht wirklich schwer zu verstehen. Sie ist schlicht und ergreifend eine Sache der Disziplin.

Den »Single Point of Contact« können Sie auch nicht über einen langen Zeitraum aufrechterhalten. Über wenige Wochen während der schwierigsten Verhandlungskrise hingegen geht es schon. Im »RON«, unserem Verhandlungsrhythmus, haben wir für die Sackgasse einen Monat eingeplant.

Suchen Sie deshalb nicht nach Ausreden, warum die Taktik bei Ihnen nicht funktionieren kann. Definieren Sie lieber den Zeitraum, der aus Ihrer Sicht zwingend notwenig dieser Taktik unterliegen soll. Und schwören Sie dann alle in Ihrem Unternehmen auf diese Strategie ein. Anschließend sollten Sie an die Disziplin appellieren.

Disziplin geht auch hier vor Eitelkeit und Superman-Gehabe.

Rhythm of Negotiation

Sie sollten wie bereits aufgezeigt von Beginn der Vorbereitung an bis zum letztmöglichen Datum des Abschlusses der Verhandlung eine Linie ziehen und dann einen »RON« erstellen.

Ein »RON« ist ein »Rhythm of Negotiation« und legt fest, wann wo was passieren soll.

Wir hatten in der Vorbereitung folgende Phasen definiert:

- 12 Monate bis Closing
- 9 Monate bis Closing
- 6 Monate bis Closing
- 3 Monate bis Closing
- 1 Monat bis Closing
- Sackgasse

Sie sehen, dass die Sackgasse, die auswegslose Situation, ein geplantes Element des »RON« ist und wir definitiv in eine Sackgasse steuern werden. Wir steuern selbst in sie hinein und werden nicht gesteuert.

Das heißt für uns, dass wir vier Wochen vor dem Closing über alle relevanten Informationen verfügen sollten. Ab vier Wochen vor dem Closing sollten Sie keine Informationen mehr einholen. Denn diese kurzfristig gewonnenen Informationen sind meist von der Gegenseite lancierte Informationen, die Sie verwirren und zu einer emotionalen Reaktion bewegen sollen.

Sie sollten deshalb sehr, sehr vorsichtig mit neuen Informationen umgehen. Vor allem mit solchen, die »aus gut unterrichteten Kreisen« an Sie herangetragen werden.

Aus meiner Erfahrung sind pro-aktiv gewonnene Informationen mehr wert als scheinbar zufällig aufgeschnappte. Das sollte Sie dazu motivieren, bis zu Beginn der Sackgassen-Phase pro-aktiv Informationen einzuholen. Und auf gar keinen Fall abzuwarten, was noch alles auf Sie zukommen könnte.

Der »Double-Check« ist auch hier eine große Hilfe. Überprüfen Sie Informationen auf ihren Wahrheitsgehalt, lassen Sie sich eine Quelle immer von einer zweiten bestätigen. Mein persönlicher und daher subjektiver Eindruck ist, dass Sie während der Sackgassen-Phase überhaupt keine neuen Informationen aufnehmen sollten. In den von uns begleiteten Verhandlungen haben uns gerade die kurzfristig gewonnenen Informationen vom Weg abgebracht. Unsere Kunden haben natürlich nicht glauben können, dass man Informationen auch einmal ignorieren sollte, und dachten, jede Form von zusätzlichem Wissen über die Gegenseite brächte sie weiter.

Aber mal ehrlich, was sollten während der letzten vier Wochen schon noch für bahnbrechenden Informationen dazukommen, die man bis vier Wochen vor dem Closing nicht bereits hätte gesammelt haben können.

Also auch hier gilt es locker zu bleiben und nicht auf jede Information anzuspringen.

Informationssperre nach außen und innen

Eine sehr schwierig umsetzbare Taktik in Krisenverhandlungen.

Die meisten Manager gehen mit einer gewissen Naivität an Verhandlungen heran und sehen die Dringlichkeit und Wichtigkeit dieser Taktik nicht. Warum sollten die Manager plötzlich nicht mehr mit den befreundeten Mitarbeitern der Gegenseite ein Bier trinken gehen und sich austauschen? Wir leben doch in einer Welt der Partnerschaft und glauben an das Gute im Menschen.

Genau dieser Naivität ist es geschuldet, dass Sie die Informationssperre besser nicht nur nach außen, sondern auch rigoros nach innen durchsetzen.

Der Feind in schwierigen Verhandlungen sitzt nämlich meist nicht nur vor einem, sondern auch in den eigenen Reihen.

Konkret bedeutet dies, relevante Verhandlungspunkte nicht mehr nach innen zu kommunizieren. Nur Negotiator, Commander und Decision Maker bedürfen der Informationen. Nicht aber die Fachabteilungen, Controlling, Einkauf …

Wenn es sich mit Ihrer Verhandlungsethik verträgt, können Sie der Gegenseite bewusst falsche Informationen zuspielen. Als Negotiator können Sie beispielsweise der Fachabteilung flüstern, dass ein neuer Lieferant im Bereich A kurz vor der Qualifizierung steht. Dazu betonen Sie, dass diese Information geheim ist und die Fachabteilung sie auf gar keinen Fall an den bisherigen Lieferanten weiterleiten darf.

Damit sorgen Sie dafür, dass der bisherige Lieferant die Information definitiv bekommt, und dies sogar aus »gut unterrichteten Kreisen«. Auf Lieferantenseite wird die Angst nun verstärkt, und es wird zu unkontrollierten emotionalen Reaktionen kommen. Wenn Sie das möchten, bitte schön. Aus verhandlungstechnischer Sicht ist dieser »Bluff« erlaubt, in manchen Branchen auch üblich.

Aber vielleicht erkennen Sie jetzt, wie wichtig es ist, sich davor zu schützen, selbst Opfer einer solchen Taktik zu werden. Wie beschrieben, bitte gehen Sie sehr vorsichtig mit kurzfristig gewonnenen Informationen »aus gut unterrichteten Kreisen« um.

Kontakt zu den V-Männern

Auch bei dieser Taktik sollten Sie in zwei Richtungen denken. Achten Sie darauf, die Kontakte zu Ihren V-Männern, kurz bevor der Eintritt in eine Sackgasse droht, zu intensivieren und mit ihnen Termine wie Abendessen oder Produktpräsentationen für die Phase der Sackgasse zu vereinbaren.

Es wird so ganz zufällig aussehen, wenn Sie während eines Abendessens die Schwierigkeit der Verhandlung ansprechen.

Wenn Sie sich bereits in der Sackgasse befinden und einen V-Mann anrufen, um ein offizielles Treffen zu erbitten, wirkt das Ganze zu durchschaubar. Nachdem Sie die Sackgasse definiert und mit einem Zeitplan versehen haben, können Sie auch bereits vor der Sackgasse die Termine vereinbaren. Und dann davon profitieren, dass Sie während der heißesten Verhandlungsphase mit dem V-Mann am Tisch sitzen.

Auf der anderen Seite sollten Sie gerade in dieser Phase die V-Männer der Gegenseite abschirmen, ihnen also keine Chance auf Informationsgewinnung geben. Mit der Informationssperre nach innen tragen Sie dieser Anforderung Rechnung.

PR-Begleitung

Eine Verhandlung während einer Krise mit Public Relations zu begleiten ist sinnvoll, sollte aber lange im Voraus geplant werden.

Da Sie sich nie ganz sicher sein können, dass alle Mitarbeiter sich an Ihre Vorgaben halten, raten wir immer zu einer PR-Begleitung vor und während der Verhandlung.

In einer Krisensituation entwickeln sich durch die zunehmende öffentliche Aufmerksamkeit und den herrschenden Mangel an Informationen rasch zusätzliche Gerüchte und Spekulationen.

Behauptungen und Beschuldigungen werden in einer Dramaturgiespirale immer schneller kommuniziert, es entwickelt sich eine von Ihrem Unternehmen kaum mehr zu steuernde Eigendynamik. Die PR-Begleitung sollte deshalb frühzeitig ansetzen und sich sowohl nach außen (Öffentlichkeit) als auch nach innen (Mitarbeiter, Belegschaft) richten.

Die Krisenkommunikation, insbesondere im Stadium der Prävention, obliegt dem verantwortungsvollen und disziplinierenden Verhalten von Decision Maker und Commander.

Strategieerarbeitung: Integrative Verhandlung

Eine Sackgasse in der Verhandlung ist für die meisten Verhandlungsführer etwas Negatives. Der Begriff »Sackgasse« wird gerne verbunden mit Aussichtslosigkeit, Hilflosigkeit und Niederlage.

Das Ziel der meisten Verantwortlichen ist es deshalb, die Sackgasse zu vermeiden. Das ist aus meiner Sicht gefährlich. Das bewusste Steuern in die Sackgasse ist eine von fünf Strategien, die es aktiv zu verfolgen gilt. Sie sollten die Sackgasse bewusst einplanen und vorbereiten. Ob Sie sie dann während der Verhandlung tatsächlich ansteuern werden, ist von mehreren Faktoren abhängig.

Wir arbeiten an unserem Institut in der Strategieentwicklung mit dem Strategie-Diagramm nach Kilman.

Kilman unterscheidet Forderung und Kooperation.

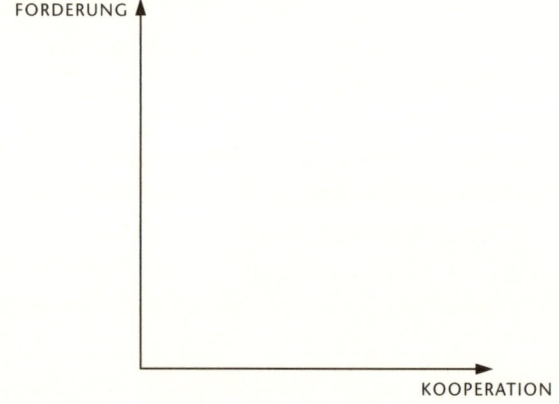

Die Forderung wird auf der Y-Achse dargestellt. Wer viele konkrete Forderungen in die Verhandlung einbringt, baut Druck auf und ist in dem Glauben, in einer guten Machtposition zu sein.

Der Geiselnehmer fordert beispielsweise 1 Million Euro, einen Mercedes S 500 als Fluchtwagen und freies Geleit. Er stellt drei sehr klare und konkrete Forderungen und glaubt, damit erfolgreich zu sein.

Die Bereitschaft zur Kooperation wird auf der X-Achse dargestellt. Strebe ich eine langfristige Partnerschaft an, so bin ich natürlich zur Kooperation gezwungen. Möchte ich eine kurzfristige Partnerschaft, habe also eine »Nach mir die Sintflut«-Einstellung, dann verknüpfe ich die Forderungen mit einer Sanktion.

Der Geiselnehmer will natürlich keine langfristige Partnerschaft mit der Polizei und verzichtet deshalb auf Kooperation. Er will nur kurzfristig mit der Polizei verhandeln und verknüpft deshalb seine Forderung nach Geld, Fluchtwagen und freiem Geleit mit einer Drohung: »Sonst erschieße ich die Geisel!«

Diese Strategie kennen Sie auch aus Ihren Verhandlungen: Ihr Gegenüber stellt hohe und konkrete Forderungen und verknüpft sie mit einer Sanktion. »Wenn Sie nicht …, dann …!«
Er verhandelt mit Druck.

Strategie Nr. 1: Druck / Sackgasse

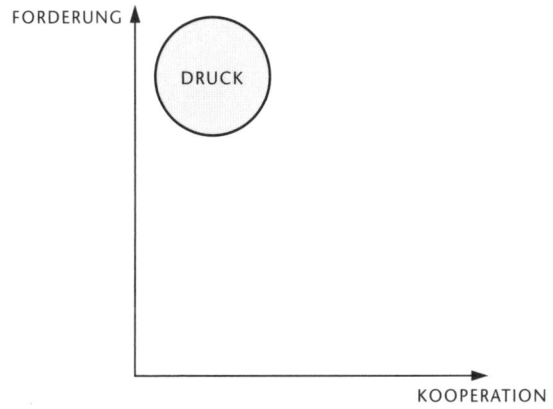

Wie sollten Sie dieser Strategie begegnen? Nun, es kommt darauf an.

Auf Ihre eigene Machtposition – die Sie nicht mit Sicherheit kennen können – und auf Ihre Kooperationsbereitschaft.

Nehmen wir an, Sie leben in dem Glauben, dass Sie eine sehr schlechte Machtposition haben und diese Machtposition auch nicht verbessern können. Sie fühlen sich abhängig, vielleicht sogar ausgeliefert.

Ihr Gegenüber hat unerfüllbare Forderungen gestellt und mit Sanktionen gedroht. Sie stehen dieser Sanktion hilflos gegenüber und wissen nicht, was zu tun ist. Zudem müssen Sie kooperieren, weil Sie langfristig mit dem Gegenüber verbunden sind.

Das wäre beispielsweise beim »single source«, dem einzigen Lieferanten, der einen Lieferstopp androht, der Fall. Oder bei einer Verhandlung um das Sorgerecht Ihrer Kinder.

Strategie Nr. 2: Nachgeben

Nachgeben wäre nun eine mögliche Strategie. Beim Nachgeben stellen Sie keine Forderung aufgrund Ihrer jämmerlichen Machtposition. Und sind aber trotzdem zur langfristigen Kooperation bereit. Nicht freiwillig, aber die Sache erfordert es eben.

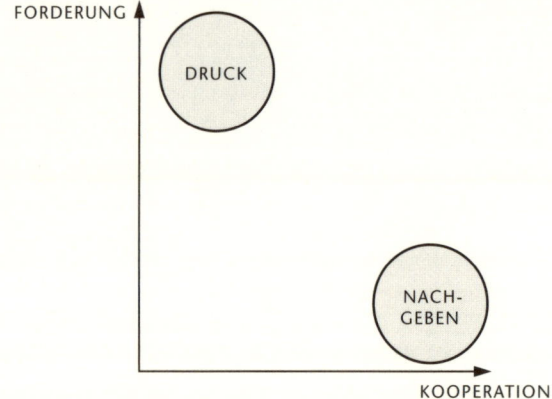

Das Nachgeben hat natürlich zwei riesige Nachteile: Sie erreichen Ihr Verhandlungsziel nicht mehr und senden ein fatales Signal an die Gegenseite: Sie fühlen und zeigen sich machtlos.

Gäbe die Polizei dem Geiselnehmer gegenüber nach, so würde sie signalisieren, dass er alles bekommt, was er will. Als Nebeneffekt würde die Polizei die eigene Machtlosigkeit eingestehen und nach außen demonstrieren. Und das geht natürlich nicht.

Nachgeben – und ich meine hier das bedingungslose Nachgeben, ohne auch nur eine eigene Forderung durchgesetzt zu haben –

sollten Sie in einer Verhandlung nur, wenn Sie es dem Gegenüber zu einem anderen Zeitpunkt heimzahlen können. Man mag dies dann hinterlistige Rache nennen, ich bezeichne es als konsequente Strategieverfolgung.

Wer Druck aufbaut und in einer langfristigen Beziehung steht, muss aus meiner Sicht damit rechnen, dass dieser Druck irgendwann gleich stark erwidert wird.

Ansonsten rate ich von der Strategie »Nachgeben« ab. Wer unter Druck einwilligt, zeigt der Gegenseite, dass er sich dem Druck beugt und wieder beugen wird. Das hat zur Folge, dass die Gegenseite den Druck immer wieder erhöht, also neue Forderungen stellt und Sie zunehmend unter Druck setzen wird.

Aus meiner Erfahrung heraus bin ich zu der Erkenntnis gelangt, dass die schwierigsten Verhandlungspartner diejenigen sind, bei denen Sie einmal zu schnell und zu leichtfertig nachgegeben haben. Sie haben das aus gutem Glauben und im Geiste einer langfristigen Beziehung getan. Ihr Gegenüber hat das jedoch als Machtlosigkeit gedeutet und sogleich die Forderungen erhöht. Dieser für Sie negative Lerneffekt hat sich daraufhin bei ihm festgesetzt, und er wird den Druck in jeder neuen Verhandlung wiederum erhöhen.

Zurück zu unserer Geiselnahme: Wie wäre es mit dem Anbieten eines Kompromisses?

500 000 Euro statt 1 Million, VW statt Mercedes und freies Geleit nur bis zur nächsten Kreuzung?

Strategie Nr.3: Kompromiss

Beim Kompromiss nähert man sich in einer eindimensionalen Ebene an. Eindimensional deshalb, weil es nur einen Verhandlungsgegenstand gibt: die Geldsumme oder in Ihrem Fall beispielsweise den Preisnachlass oder die Preiserhöhung.

Sie treffen sich in der Mitte von gegnerischer und eigener Forderung.

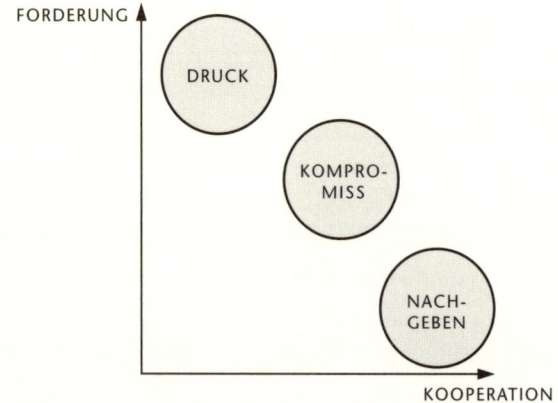

Treffen Sie sich in der Mitte, sind Sie Ihrem Gegenüber insofern ausgeliefert, als er seine Forderungen so hochschrauben kann und wird, dass das Mittel Ihrer beiden Zielvorgaben niemals befriedigend für Sie sein kann. Egal, auf welch niedriges Niveau Sie Ihre Forderung drücken. Es ist somit seine Mitte und nicht Ihre Mitte. Sie verlassen Ihr Ziel und Ihre ursprüngliche Strategie.

Natürlich ist diese Form des Kompromisses einfach, und Sie vermeiden den Konflikt. Der Nachteil liegt auf der Hand: Die nächste Verhandlung wird noch viel schwieriger, weil die Gegenseite Ihre Konfliktvermeidungsstrategie erkannt hat.

Die Gegenseite wird mit noch höheren Forderungen und mit noch mehr Druck in die Verhandlung gehen.

Strategie Nr. 4: Spiel auf Zeit

Wenn Sie keine Forderungen stellen und keine Kooperationsbereitschaft zeigen, dann spielen Sie auf Zeit. Sie tun also gar nichts, Sie hoffen und harren der Dinge, die da kommen.

Sie tun der Höflichkeit halber zwar so, als ob Sie kooperativ wären. In Wirklichkeit tun Sie nichts.

Beispiel

Einer Ihrer wichtigsten Mitarbeiter bittet Sie um eine Gehaltserhöhung. Er stellt klare Forderungen und signalisiert auch, dass er gerne zu Verhandlungen bereit ist. Sie haben kein Budget oder wollen die Verhandlung aus anderen Gründen vermeiden und spielen auf Zeit. Sie sagen ihm, wie wichtig er für Sie und das Unternehmen ist und wie sehr Sie auf ihn bauen. Sie bleiben aber unverbindlich und stellen keine klare Forderung an ihn, wie beispielsweise die, einige Jahre im Ausland zu arbeiten.

Sie vermeiden jede Form von Verhandlung, sagen ihm aber bei jeder Gelegenheit, wie wichtig er doch ist.

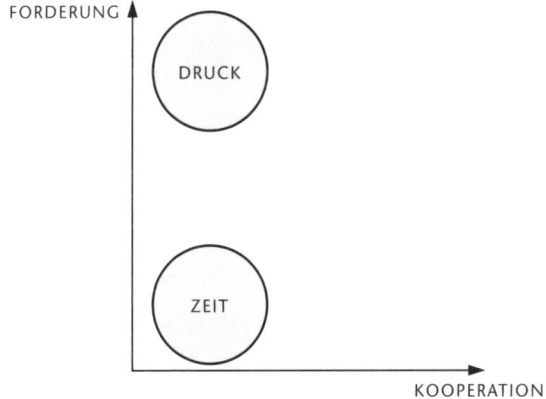

Bezogen auf unsere Grafik bedeutet dies, dass Sie sich in einer schlechten Machtposition wähnen. Wären Sie in einer guten Position würden Sie ja Ihre Forderungen stellen und mit Nachdruck vertreten.

Interessant ist auch, dass Sie nicht kooperativ sind und auf diesem Weg das Signal senden: Ich bin nicht an einer langfristigen Partnerschaft interessiert.

Ihr Mitarbeiter wird das sehr schnell bemerken und verwundert feststellen, dass Ihnen entgegen Ihren Beteuerungen nichts an ihm liegt.

Das Spiel auf Zeit sollten Sie also nur beginnen, wenn Sie die Beziehung zu Ihrem Gegenüber tatsächlich als kurzfristig verstehen.

Strategie Nr. 5: Integrative Verhandlung

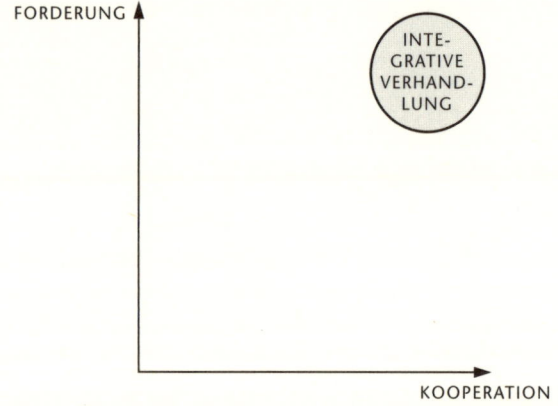

Bei dieser Strategie vereinen sich bei Ihnen eine hohe Machtposition und eine hohe Kooperationsbereitschaft.

Sie stellen hohe Forderungen, weil Sie auf Augenhöhe in die Verhandlung gehen und in dem Glauben leben, Sie hätten die Machtposition hierzu.

Sie zeigen gleichzeitig eine hohe Kooperationsbereitschaft, weil Sie an einer langfristigen Beziehung interessiert sind.

Meist läuft es darauf hinaus, dass beide Verhandlungsparteien hohe Forderungen stellen und eine hohe Verhandlungsbereitschaft zeigen.

Die integrative Verhandlung ist die schwierigste Verhandlungs-strategie, weil sie eine exzellente Vorbereitung verlangt. Nur wer viele Forderungen im Gepäck hat, kann diese Strategie nutzen.

Und nur wer ständig locker bleibt, kann immer weiter verhandeln und ständig kooperationsbereit sein.

Noch klarer formuliert bedeutet dies, dass Sie niemals »Nein« sagen und niemals eine Drohung formulieren dürfen.

Hier gilt zudem der Grundsatz der Reziprozität, des Gebens und Nehmens.

Erinnern Sie sich bitte an Ihre letzte Verhandlung. Hatten Sie viele Forderungen, die Sie einbringen konnten?

Und viel wichtiger: Konnten Sie auch unter Druck locker bleiben und die Verhandlung im kooperativen Geiste weiterführen?

Wenn ja, dann möchte ich Ihnen herzlich gratulieren. Das können wirklich nur sehr wenige Verhandlungsführer.

Wenn nein, hier noch einige Tipps.

Einbringen von Forderungen – offen und verdeckt

Die integrative Verhandlung steht und fällt mit dem Einbringen Ihrer Forderungen.

In den bisherigen Kapiteln haben wir die Vorbereitung der Verhandlung intensiv beleuchtet. Sie starten die Verhandlung mit einem großen Korb voller Forderungen, die Sie im Vorfeld als wichtig und weniger wichtig oder als pure Ablenkung klassifiziert haben. Es sind

- rote
- gelbe
- und grüne Forderungen.

Die Wichtigkeit dieser Farbeinteilung haben wir bereits gesehen. Sie stellt die Grundlage für eine kreative und spielerische Verhandlung dar.

Sie erinnern sich an den arabischen Kunden. Er betritt einen Laden und möchte sich ein weißes Hemd kaufen. Er geht nicht zielstrebig auf das Objekt seiner Begierde zu, so würde er sein Ziel gleich zu Beginn verraten.

Er begibt sich also gemächlich zu den Jacken, betrachtet sie in Ruhe, befindet keine für schön und macht sich wieder auf den Weg Richtung Ausgang. Nun ist der Verkäufer in der Pflicht. Er spricht ihn an, offeriert eine Tasse Tee, eine Beziehung wird aufgebaut.

Der Verkäufer fragt den scheinbar unentschiedenen Kunden nun, ob er sich vielleicht den Kauf eines neuen Hemds vorstellen könne. Der Kunde springt nicht gleich darauf an, seine Blicke verweilen auf dem Ladenausgang. Der Verkäufer legt sich ins Zeug, holt ein weißes Hemd aus dem Regal und bietet es dem Kunden an. Dieser sagt, dass das Hemd ja ganz schön sei. Er fragt, ob er dieses Hemd jedoch in Grün haben könnte. Wohl wissend, dass diese Farbe nicht vorrätig ist.

Der Verkäufer verneint und ist ab jetzt in einer schlechten Verhandlungsposition. Hätte er ein grünes Hemd, wäre ja vielleicht ein Geschäft möglich gewesen. Aus dieser schlechten Position heraus bietet er dem Kunden für das weiße Hemd eine Preisreduzierung an. Der Kunde sagt, er habe schon so viele weiße Hemden.
    Die Verhandlung beginnt.

Was können Sie aus diesem Beispiel für Ihre Verhandlungen lernen? Sie sollten Ihr Gegenüber ständig stabilisieren, indem Sie in einer Tour neue Forderungen stellen. Rote, gelbe und grüne Forderungen.

Sie kennen sicher das Kartenspiel »Schwarzer Peter«. Ähnlich wie bei diesem Spiel sollten Sie in den Verhandlungen den »Schwarzen Peter« der Gegenseite zuspielen. Ihr Gegenüber muss während der gesamten Verhandlung in der Defensive sein, Sie logischerweise in der permanenten Offensive.

Wie geht das konkret?
Beginnen Sie sofort nach der Agenda mit den Forderungen. Stellen Sie die Forderung im Konjunktiv.

- »Könnten Sie sich vorstellen …«
- »Wäre es für Sie im Bereich des Möglichen …«
- »Denken Sie, es wäre grundsätzlich denkbar …«

Mit einiger Übung können Sie mehrere Forderungen bündeln und somit die »Farbe«, also die Wichtigkeit Ihrer Forderung, komplett verschleiern.
»Denken Sie, es wäre grundsätzlich möglich, eine Verlegung des Gerichtsstandortes nach Paris zu überlegen und die Risikoverteilung der Anlieferung neu zu definieren?«

Ihr Gegenüber muss nun mit höchster Konzentration die Frage beantworten und hat kaum mehr Zeit und Konzentrationskapazitäten, seinerseits eine Frage dieser Klasse zu stellen. Er wird also antworten, Sie schreiben mit, fragen nach, hinterfragen die Details, hinterfragen die Definitionen, bleiben im Konjunktiv, bohren nach … und bleiben somit ständig in der Offensive.
Das hört sich vielleicht einfach an, ist es aber nicht. Sie müssen mit höchster Konzentration zuhören und mitschreiben und sollten Widersprüche entdecken und aufdecken. Zu einem späteren Zeitpunkt sollten Sie diese Widersprüche ansprechen und mit Zitaten untermauern. Die Antworten auf diese aufgezeigten Widersprüche bilden dann wieder die Basis für Ihr Nachfragen, Hinterfragen, Nachbohren …

Je besser Ihre Forderungen vorbereitet sind, desto schneller kommen Sie in die Offensive. Und je ungerechtfertigter und irrationaler Ihre Forderungen sind, desto leichter können Sie die Führung übernehmen.

Ähnlich dem grünen Hemd sollten Sie mit ungerechtfertigten Forderungen Ihr Gegenüber stabilisieren, also unter Druck und damit Kontrolle halten.

Wichtig ist die Unterscheidung von Forderungen und Sanktionen. Forderungen sind Dinge, die Sie gerne haben möchten, manche sind überlebenswichtig (rot), andere sind verhandelbar (gelb), und manche wollen Sie gar nicht haben (grün).

Wichtig sind alle drei Farben, weil Sie nur durch die Verwendung aller drei Forderungen Kreativität und spielerische Leichtigkeit gewinnen können.

Sanktionen sind Drohungen. Sie drohen eine Sanktion an, wenn Ihr Gegenüber sich nicht beugt.

Deshalb hier nochmals die Klarstellung: Sie sollten Forderungen stellen, keine Sanktionen androhen.

Verdecktes Einbringen von Forderungen

Über Ihren V-Mann können Sie Forderungen schon in einem frühen Stadium der Verhandlung verdeckt einbringen und testen. Im Englischen sagt man »testing the water«. Sie können ja nichts kaputtmachen, es geht ja wirklich nur um einen Test. An der Reaktion der Gegenseite auf Ihren Versuchsballon erkennen Sie meist, welche Ihrer Forderungen verhandelbar sind und mit welchen Sie auf Granit beißen werden.

Auch die Presse ist ein gutes Mittel, um Forderungen zu testen. Vor allem im politischen Bereich wird das gerne genutzt.

Je mehr Forderungen Sie in die Verhandlungen einbringen, desto mehr Spielraum bekommen Sie. Dieser Spielraum – Zone of possible Agreement (ZOPA) – ist Ihre Spielwiese.

Aufbau einer ZOPA

Sie fragen und hinterfragen ständig Ihr Gegenüber und bekommen somit seine gesamten Forderungen auf den Tisch. Sie filtern aus seinen Antworten heraus, was ihm wirklich wichtig ist. In unserer Sprache, welche Forderungen von ihm rot – gelb – grün markiert worden sind.

Vor allem das Aufzeigen von Widersprüchen hilft Ihnen dabei, die Wichtigkeit seiner Forderungen zu erkennen und am Ende des Tages sogar einen Bluff zu entlarven.

Wenn beide Verhandlungsparteien ständig neue Forderungen in die Verhandlung einbringen, dann wird die ZOPA immer größer. Eine große ZOPA ist der Garant für eine ständige Kooperationsbereitschaft.

Im Umkehrschluss führt eine Reduzierung der ZOPA unweigerlich in die Sackgasse.

Aufzeigen der Sackgasse

»0 ZOPA« beschreibt den Zustand der Verhandlung, der auch als Sackgasse bezeichnet wird. Alles ist gesagt, präsentiert, bewertet und nach rationalen Gesichtspunkten für richtig oder falsch befunden worden.

Die 0 steht für: Nichts geht mehr, es gibt keinen Spielraum für Zugeständnisse, und es ist nichts zu holen.

Ein Geiselnehmer wird seine Forderungen im Laufe der Verhandlung differenzieren. Er zeigt etwa irgendwann, dass ihm ein Fluchtwagen wichtiger ist (rot) als das Geld (gelb). Die Marke des Fluchtwagens (grün) ist ihm nach einigen Stunden Verhandlung meist auch egal. Aber die Drohung mit Erschießung der Geisel hält er aufrecht. Muss er ja, sonst hat er keinen Trumpf mehr in der Hand.

Wenn alle Forderungen der Gegenseite und alle eigenen Forderungen in die Verhandlung eingebracht worden sind, dann gibt es mit an Sicherheit grenzender Wahrscheinlichkeit genug ZOPA für eine Einigung.

Durch ständiges Stabilisieren und durch die von Ihnen permanent vorgenommenen Zusammenfassungen (Straßen absperren) können Sie die Richtung der Verhandlung festlegen.

Sollte es nun dennoch nicht zu einer Einigung mit Rot-Gelb-Grün-Forderungen kommen, steuern Sie bitte ganz bewusst in die Sackgasse.

Sie sollten nun nicht nachgeben und nicht auf Zeit spielen. Im Klartext heißt das:

- keine Kompromisse anbieten und nie auf Kompromisse eingehen
- keine einseitigen Zugeständnisse machen
- keine Vertagungen vorschlagen oder zulassen

Wenn die integrative Verhandlungsstrategie (Nr. 5) nicht zum Ziel führt, dann bleibt eben nur eine einzige Strategie: die Sackgasse (Nr. 1).

Sobald Sie bemerken, dass eine Einigung im integrativen Sinn nicht möglich ist, sollten Sie bewusst auf die Sackgasse zusteuern. Ihr Gegenüber glaubt nämlich, dass er gegen Sie gewinnen kann. Er möchte als Sieger vom Platz gehen.

Doch das werden wir nicht akzeptieren. Wir wollen selber den Sieg. Den Sieg und keinen Kompromiss, kein Vertagen und schon gar kein Nachgeben.

Wenn die Gegenseite zu keinen Zugeständnissen bereit ist, stellen wir die Machtfrage. Wir wollen wissen, ob die Gegenseite tatsächlich ihre Forderungen aufrechterhält und die Sanktionen durchsetzen wird.

Wir kehren zu unseren bereits kommunizierten Forderungen zurück und brechen die Verhandlung ab.

Abbruch

Zurück zur Ausgangslage: Was Sie Ihrem Gegenüber vermitteln sollten, ist das Gefühl, dass er gewonnen hat. Er soll natürlich nicht tatsächlich den Sieg davontragen, sondern nur das Gefühl, es wäre so. Das muss Ihr Ziel sein: Er muss sich sicher sein, also die Gewissheit haben – und das hat, wie wir gesehen haben, nichts mit der objektiven Wahrheit über das Verhandlungsergebnis zu tun –, dass er das Maximum aus der Verhandlung herausgeholt hat.

Und dieses Gefühl können wir bei ihm nur erzeugen, wenn wir eine Verhandlung abbrechen.

Der Abbruch einer Verhandlung ist keine Niederlage, sondern ein taktisches Element, um der gegnerischen Seite zu zeigen, dass Sie an der Grenze des Machbaren angekommen sind. Solange Sie verhandeln, gibt es auch etwas zu verhandeln. Wenn Sie die Verhandlung abbrechen, zeigen Sie sehr deutlich, dass es nichts gibt, das Sie als verhandelbar erachten würden. Nun bildet sich auch bei der Gegenseite die Gewissheit, die Grenze erreicht zu haben.

Sie brechen also die Verhandlung ab und stellen diesen Abbruch als logische Konsequenz dar.

Sie sind nicht beleidigt, nicht enttäuscht und sehen weiterhin eine gute Möglichkeit zur Kooperation. Aber eben nicht mehr zu diesem Zeitpunkt.

Und das ist auch schon die Einleitung zur richtigen Formulierung eines Abbruchs.

Wir verlassen die Verhandlung und öffnen drei Türen, um durch diese drei Türen wieder in die Verhandlung einsteigen zu können.

Der richtige Abbruch:

- Danke
- Zusammenfassung der Gemeinsamkeiten
- Positive Stimmung
- Öffnen der 3 Türen
- Verabschiedung

Wir bedanken uns ganz freundlich und betonen nochmals die positive Zusammenarbeit. Dann fassen wir die festgestellten Gemeinsamkeiten zusammen und zeigen kurz die noch verbliebenen Differenzen auf.

Anschließend öffnen wir drei Türen:

1. Aus meiner Sicht
2. ist zum heutigen Zeitpunkt
3. unter diesen Umständen

eine Einigung schwer vorstellbar.

Nochmals vielen Dank und auf Wiedersehen.

Nun haben Sie drei Eingänge geschaffen, durch die Sie wieder in die Verhandlung eintreten können. Schon eine Stunde nach dem Abbruch ist es Ihnen möglich, mit einem einfachen Anruf die Verhandlung ohne Gesichtsverlust wieder aufzunehmen:

1. Aus meiner Sicht

»Ich konnte mit meinem Chef (Personalchef, Controller …) sprechen, und der hat eine Möglichkeit aufgezeigt …«

Das bedeutet, dass es aus Ihrer persönlichen Sicht nicht möglich ist, aber eine andere Sichtweise den Weg zurück zur Verhandlung ebnet.

2. ist zum heutigen Zeitpunkt

»Ich hatte gesagt, zum damaligen Zeitpunkt war es schwer vorstellbar. Gestern ist mir eine neue Information zugespielt worden, die ich gerne mit Ihnen teilen möchte.«

Hier steigen wir über die zeitliche Dimension wieder ein.

3. unter diesen Umständen

»Unter den gegebenen Umständen war eine Einigung leider nicht vorstellbar. Ich hätte nun jedoch noch eine neue Idee (Forderung) …«

Diese Türe ist immer offen, weil jede neue Forderung die Umstände der Verhandlung ändert.

Nach einem Abbruch kommt eine sehr schwierige Phase: Sie wird Stand-by-Stress genannt. Umgangssprachlich würde man sagen: »Wer zuckt, verliert!«

Sie brauchen nun ein gehöriges Maß an Geduld und den Mut, diesen Stand-by-Stress auszuhalten. Wer zuckt, also die erste Türe Richtung Wiedereinstieg öffnet, braucht den Erfolg der Verhandlung wohl am dringendsten.

Wiedereinstieg und Einigung

Die Türen zum Wiedereinstieg sind für beide Verhandlungsparteien jederzeit geöffnet. Wer die Einigung braucht, unter Zeitdruck steht oder keine Geduld hat, wird eintreten.
Wer warten kann, ist in der besseren Position.

Was auch immer passiert, die Sackgasse und der daraus folgende
Abbruch sind ein notwendiges Signal an die Gegenseite.

Wenn Sie sich für den Wiedereinstieg entscheiden, dann sollten
Sie am besten mit neuen Forderungen einsteigen. Das ist der einfachste, weil am leichtesten erklärbare Einstieg.

Auch beim Wiedereinstieg gilt natürlich unser Grundsatz, locker
zu bleiben. Also kein Gewinnerlächeln, keine Vorwürfe, keine
emotionalen Reaktionen.

Nachdem Sie wieder in der Verhandlung sind, gelten alle bisher
aufgestellten Prinzipien: genaue Zielsetzung, Forderungen vorbereiten, Einstieg mit der Agenda …

Die Einigung mit der Feuerwehruniform

Neben den rationalen Elementen sind die psychologischen Elemente in einer Verhandlung von höchster Bedeutung.
Ihr Gegenüber wird dann einer Einigung zustimmen, wenn er
wichtige Punkte durchsetzen konnte (rationale Elemente) und das
Gefühl hat, dass mehr einfach nicht drin war (psychologische Elemente).

Mit dem Aufbau einer ZOPA bieten wir den Raum für eine rationale Einigung. Das Gegenüber kann seine wichtigen Punkte durchsetzen, wenn es im Gegenzug zu Zugeständnissen bereit ist. Das ist die integrative Verhandlung nach dem Prinzip der Reziprozität.

Mit dem Abbruch der Verhandlung zeigen wir deutlich auf, dass der Gegner eine Grenze erreicht hat, die er nicht überschreiten kann. Diese Grenze ist wichtig, um psychologisch das Gefühl zu erzeugen: Mehr geht einfach nicht. Wichtig ist noch der Hinweis, dass wir ja nie »Nein« gesagt haben. Wir haben keine Sanktionen angedroht, wir haben lediglich die Schwierigkeiten angesprochen und gesagt, dass eine Einigung »schwer vorstellbar ist«.

So, und wie kommen Sie nun zur Einigung?

Sie müssen Ihrem Gegenüber nun die Möglichkeit geben, mit einer Gesichtswahrung aus dieser Sackgasse herauszukommen.

Sehr einprägsam ist die Erfahrung, die wir mit Selbstmördern gemacht haben. Ein Mann steht auf dem Dach eines Hochhauses und nähert sich langsam der Dachkante. Viele Menschen strömen herbei, schauen nach oben, einzelne Schaulustige rufen dem Suizidgefährdeten »Spring!« zu. Natürlich sind Feuerwehr, Notarzt und Polizei vor Ort.

Verhandlungsführer der Polizei nähern sich nun langsam dem Selbstmörder und versuchen, eine Verhandlung zu beginnen.

Der Selbstmörder will wahrscheinlich nicht sterben, sonst wäre er schon lange vor dem Eintreffen der Rettungskräfte gesprungen.

Er möchte einen Hilferuf senden und ist deshalb zu Gesprächen bereit. Die Gefahr, dass er plötzlich springt, ist natürlich dennoch ständig gegeben.

Bei diesen Verhandlungen mit Selbstmördern gibt es eine bestimmte Minute, in der Sie merken, dass er nun endgültig nicht mehr springen will. Sobald sich der Selbstmörder weiter im Leben sieht, ist er nicht mehr in der Lage, sich in die Tiefe zu stürzen. Wenn er also zum Beispiel mit Ihnen über seine Kinder spricht oder über seine Ziele im Leben, ist die Gefahr fast schon gebannt.

Er kann aber auch nicht einfach wieder ins Gebäude zurückkommen, weil er dann ja durch die wartende Menschenmenge schreiten muss. Er glaubt, dass er ausgelacht und als »Loser« tituliert würde.

Er braucht also eine Möglichkeit, mit einer Gesichtswahrung aus dieser Sackgasse zu entkommen. Bei diesen Verhandlungen haben wir nach Überwindung der größten Gefahr eine Feuerwehruniform angeboten. Dies wiederum nach dem Grundsatz der Reziprozität, der Gegenseitigkeit.

»Wenn Sie jetzt ins Gebäude kommen, dann bekommen Sie von uns eine Feuerwehruniform. Wir verkleiden Sie als Feuerwehrmann, Sie gehen als Feuerwehrmann verkleidet nach unten und schreiten in der Uniform durch die Menschenmenge zu einem Feuerwehrauto. Mit diesem fahren wir Sie zu einem Arzt, und dann sehen wir weiter.«

Dieses Anbieten der Gesichtswahrung war oft der notwendige Schritt zur Überwindung einer Sackgasse.

Sie brauchen zur Überwindung der Sackgasse auch eine »Feuerwehruniform«. Sie sollten in der letzten Minute der Verhandlung noch ein Angebot machen können. Nicht, damit sich die Verhandlung nochmals dreht und Sie viel mehr herausholen. Es geht nun nicht mehr um die Sache, es geht um ein wichtiges psychologisches Element der Verhandlung.

Ihr Gegenüber braucht die Möglichkeit zur Gesichtswahrung, gewähren Sie im diese Möglichkeit.

Sagen Sie: »Wenn Sie mir … geben, dann kann ich Ihnen hier noch entgegenkommen und wir können den Vertrag unterschreiben.«

Ihr letztes Angebot ist also wieder eine Forderung im Geiste der Reziprozität. Es ist kein einseitiges Nachgeben, sondern ein Geben und Nehmen.

Sie müssen also bereit sein, etwas zu geben. Und nun erkennen Sie auch die Wichtigkeit der gelben und grünen Forderungen. Wenn Sie nur eine rote Forderung gestellt haben, können Sie nicht einlenken. Wenn Sie noch einige gelbe und grüne Forderungen auf Ihrer Liste haben, dann können Sie jetzt ein Entgegenkommen anbieten, das Ihnen keine allzu großen Opfer abverlangt.

Sie können vorher gestellte ungerechtfertigte Forderungen abschwächen und somit Ihren guten Willen zur Einigung zeigen. Oder eine grüne Forderung ganz aufgeben, die Gegenseite wird diesen »Sieg« als umso größer empfinden.

Was Sie auch tun, bedenken Sie bitte immer: Wer etwas haben möchte, muss auch bereit sein, etwas zu geben.

Die Einigung

Zeigen Sie bitte nie, dass Sie sich als Sieger fühlen. Sagen und betonen Sie, wie hart und professionell diese Verhandlung geführt worden ist.

Kein Siegesgeschrei, kein Freudentanz, kein Gefühl der Stärke.

Keine Einigung

Was tun, wenn Ihr Gegenüber die Feuerwehruniform nicht akzeptiert?

Ganz ehrlich, wenn Sie die Verhandlung professionell vorbereitet und geführt haben, kann ich mir das nicht vorstellen. Wenn aber doch, was sollten Sie dann tun?

Vielleicht haben Sie sich schon mal gefragt, warum es so viele
SEK-Beamte gibt. Wieso so viele Experten zu Scharfschützen ausgebildet werden.

Nun, das ist leicht zu erklären: um diese Spezialkräfte einzuset-
zen, wenn die Verhandlung scheitert.

Manchmal werden Geiselnehmer erschossen. Das ist unschön,
manchmal aber unausweichlich.

Ihre Verhandlungen werden nicht über Leben oder Tod entscheiden, aber manche Ihrer Verhandlungen werden scheitern.
Wenn Sie scheitern, dann haben Sie irgendetwas Wichtiges über-
sehen. Sie haben einen Fehler gemacht. Einen der großen 7 Fehler der Verhandlungsführung. Sie sind einem Irrtum erlegen und
haben es zu spät bemerkt.

Aus Fehlern wird man klug, deshalb ist einer nicht genug.

Auf dem Weg zur Klugheit sind einige Fehler wohl nicht vermeid-
bar.

Ich möchte nicht selbst beurteilen, ob ich ein kluger Verhandlungsführer bin. Ich kann aber beurteilen, dass ich schon alle 7
schweren Fehler selbst begangen und daraus viel gelernt habe.

Freuen Sie sich, dass Sie die Möglichkeit zum Fehlermachen hatten und daraus lernen konnten. Sie sind auf dem besten Weg zur
Klugheit.

Herzlichen Dank

Matthias Schranner

Zusammenfassung der Verhandlungstipps

Krisenplan für Verhandlungen (N-Crisis):

1. Single Point of Contact
   - Vermeiden Sie jede Eskalation innerhalb Ihres Unternehmens!
   - Beziehen Sie Decision Maker nicht in laufende Verhandlungen ein.
2. Rhythm of Negotiation
3. Informationssperre nach außen und innen
4. Kontakt zu den V-Männern
5. PR-Begleitung
6. Strategieerarbeitung: Integrative Verhandlung
   - Sie sollten die Sackgasse bewusst einplanen und vorbereiten.
7. Einbringen von Forderungen – offen und verdeckt
   - Die integrative Verhandlung steht und fällt mit dem Einbringen Ihrer Forderungen.
   - Je besser Ihre Forderungen vorbereitet sind, desto schneller kommen Sie in die Offensive.
   - Sie sollten Forderungen stellen, keine Sanktionen androhen.
8. Aufzeigen der Sackgasse
   - keine Kompromisse anbieten und nie auf Kompromisse eingehen
   - keine einseitigen Zugeständnisse machen
   - keine Vertagungen vorschlagen oder zulassen
9. Abbruch
   Der richtige Abbruch:
   - Danke
   - Zusammenfassung der Gemeinsamkeiten
   - Positive Stimmung
   - Öffnen der 3 Türen
       Aus meiner Sicht
       ist zum heutigen Zeitpunkt
       unter diesen Umständen …
   - Verabschiedung

10. Wiedereinstieg und Einigung
   – kein Gewinnerlächeln, keine Vorwürfe, keine emotionalen Reaktionen
   – kein Siegesgeschrei, kein Freudentanz, kein Gefühl der Stärke

Danksagung

In meinem ersten Buch habe ich mich bei Geiselnehmern und Bankräubern bedankt, weil ich in Verhandlungen mit ihnen den Grenzbereich der Verhandlung kennengelernt habe. Der Dank im zweiten Buch ging an meine jetzigen Kunden, weil ich in den Verhandlungen, in denen ich ihnen zur Seite stand, die Strategien aus der Polizeiarbeit in Business und Politik anwenden konnte.

In diesem Buch möchte ich mich zum einen bei meinem Team bedanken, allen voran Sheena Hasslinger und Rolf Bachmann. Nur durch ihre Unterstützung konnte ich in Ruhe dieses Buch vorbereiten und schreiben. Auch die professionelle Begleitung durch meinen Lektor Christian Koth und meinen Berater Matthias Weiner waren mir sehr wichtig.

Zum anderen möchte ich mich bei meiner Familie für das Verständnis und die Unterstützung bedanken.

Das Verhandeln in schwierigen Situationen lernt man nur durch die tägliche Praxis. Ich stehe täglich dem besten Verhandlungsteam der Welt gegenüber. Dieses Team kennt keinen Negotiator und keinen Commander, sondern besteht aus vier Decision Makern. Alle vier beherrschen die wichtigsten Regeln der Verhandlungsführung und gewinnen täglich gegen mich. Ich mache Fehler und hoffe, dass ich aus diesen Fehlern klug werde.

Deshalb geht der größte Dank an das beste Verhandlungsteam der Welt, an meine Kinder und Decision Maker: Marco, Fabio, Marie und Luca.

Literaturverzeichnis

Roger Fisher/William L. Ury/Bruce M. Patton, Das Harvard-Konzept, Boston 1981.

Frederik Lanceley, Crisis Negotiation, New York 2003.

Rupert Lay, Dialektik für Manager, München 1974.

Wolfgang Salewski, Die Kunst des Verhandelns, München 2007.

Raymond Saner, Verhandlungstechnik, Bern 1997.

Matthias Schranner, Verhandeln im Grenzbereich, München 2001.

Matthias Schranner, Der Verhandlungsführer, München 2006.

Hansjörg Trum, Psychologie für Polizeibeamte, Stuttgart, 1987.

William L. Ury, Schwierige Verhandlungen, New York 1991.

William L. Ury, Getting post No, New York, 2004.

Sachregister

Im Schattenreich der Finanzmarkt-Spekulanten

Anne T. · **Die Gier war grenzenlos**
Eine deutsche Börsenhändlerin packt aus
200 Seiten · Klappenbroschur
€ [D] 18,00 · € [A] 18,50
ISBN 978-3-430-20082-0

Anne T. hat jahrelang für eine große deutsche Bank als Investment-Bankerin gearbeitet. Ihr lebendiger und authentischer Insiderbericht enthüllt eine bizarre Welt aus Gier, Aggression, Dekadenz und Zynismus. Sie seziert den Mikrokosmos der Broker und zeigt auf, dass die rücksichtslose Kultur der Wall Street und der Londoner City längst auch an den deutschen Finanzmärkten Einzug gehalten hat.

Econ

Die geheimen Spielregeln im Job

Martin Wehrle · Lexikon der Karriere-Irrtümer
Worauf es im Job wirklich ankommt
272 Seiten · Klappenbroschur
€ [D] 16,90 · € [A] 17,40
ISBN 978-3-430-20059-2

Wenn es um Karriereplanung geht, halten sich viele für Experten:
»Ab Mitte vierzig wird's eng auf dem Arbeitsmarkt«, »Praktika sind eine einzige
Karrierefalle« oder »Teamfähigkeit im Betrieb ist das A & O« sind nur ein paar
der gebräuchlichsten Faustregeln. Doch Vorsicht: Dieses gefährliche Halbwissen
hemmt Ihren beruflichen Erfolg. Martin Wehrle weist Ihnen den Weg aus dem
Labyrinth der Karriere-Irrtümer und verrät, wie Sie die eigene Laufbahn klug
und ohne Fehlschläge gestalten.

»Sein Erfahrungsreservoir ist eine Fundgrube.«
Frankfurter Allgemeine Zeitung